Đông Yên
Lương Tấn Lực

ĐĨA BAY
&&
NGƯỜI HÀNH TINH

Tập I

All rights reserved. No part of this book shall be reproduced or transmitted in any form or by any means, electronic, mechanical, magnetic, photographic including photocopying, recording or by any information storage and retrieval system, without prior written permission of the publisher. No patent liability is assumed with respect to the use of the information contained herein. Although every precaution has been taken in the preparation of this book, the publisher and author assume no responsibility for errors or omissions. Neither is any liability assumed for damages resulting from the use of the information contained herein.

Copyright © 2017 by Dong Yen Luong Tan Luc

Published March 2017

Mục Lục

VÀO SÁCH... 15
CHƯƠNG I 21
Project Blue Book 21
  1. Tổng quát... 21
    1.1 ....Mục tiêu
.... 21
    1.3 Phúc trình Condon Report....................................... 22
    1.4 Kết luận của Dự Án Project *Blue Book*.................... 22
  2. Những dự án trước kia.. 23
    2.1 Dự Án Grudge 23
    2.2 Kỷ nguyên Captain Ruppelt 24
    2.3 Phương án Ruppelt 26
    2.4 Phi hành gia Dr. J. Allen Hynek................................ 27
  3. Hội Đồng Robertson.. 28
    3.1 *UFO* xuất hiện gần *National Airport* ở Washington, D.C. 28
    3.2 CIA nhập cuộc 28
    3.3 Kết luận của các nhà nghiên cứu 29
    3.4 Lệnh cấm 29
  4. Hệ quả của Hội Đồng Robertson Panel 29
    4.1 Nghị Quyết Regulation 200-2 29
    4.2 Hiện tượng xuống đồi của công tác điều tra.............. 31
    4.3 Thời Đại Captain Hardin.. 31
    4.4 Thời Đại Captain Gregory.. 32
    4.5 Thời Đại Major Friend 32
    4.6 Major Quintanilla... 33
    4.7 Portage County *UFO* Chase 35
    4.8 Raymond Sleeper và Allen Hynek 36
  5. Điều trần Quốc Hội... 38
    5.1 House Committee on Armed Services...................... 38
    5.2 Ủy Ban Condon Committee 38
    5.3 Kết liễu *Blue Book* 39
  6. Không Lực Hoa Kỳ và *UFO* 40
    6.1 Lập trường hiện nay của KLHK về *UFO* 40

   6.2 Những hoạt động của KLHK hậu *Blue Book* 41
   6.3 Special Report No. 14 42
   6.4 Những chỉ trích 44
   6.5 Phê bình của Allen Hynek 45
7. Dự Án *Blue Book* trong Giả Tưởng 46
   7.1 Project U.F.O. 46
   7.2 Twin Peaks 47
8. Phiên bản *Unsealed: Alien Files* 47
   8.1 Majestic 12 và Project Sign 47
   8.2 Vấn đề năng lượng hạch nhân 48
   8.3 Cái chết của James Forrestal 50
   8.4 Dwight D. Eisenhower và Majestic 12 50
   8.5 John F. Kennedy và Majestic 12 53
   8.6 Tạm kết 55
CHƯƠNG II 57
Hiệp Ước với Người Hành Tinh 57
1. Những vụ *UFO* rơi 57
   1.1 Laredo, Texas 57
   1.2 Bộ Trưởng Quốc Phòng George Marshall 59
   1.3 Thú nhận bí mật chính thức 61
   1.4 Roswell, New Mexico 7/7/1947 63
2. Tổ Chức MAJESTIC 12 63
   2.1 Trung tâm White Sand Proving Ground 63
   2.2 Người hành tin Grays 64
   2.3 Dwight D. Eisenhower 65
   2.4 Thỏa thuận *GREADA TREATY* 66
   2.5 Người chụp hình bí mật 66
3. Nghi vấn tồn đọng 68
CHƯƠNG III 69
Người Hành Tinh từ đâu đến 69
1. Định nghĩa và nguồn gốc Đĩa Bay 69
   1.1 .... *UFO* là gì
   70
   1.2 English Channel, Anh Quốc 23/4/2007 70
2. Vũ Trụ 72
   2.1 Proxima Centauri 72
   2.2 Vành Đai *Kuiper Belt* 72
   2.3 Planet X 73
   2.4 Tiểu Hành tinh Pluto 74
3. Một trường hợp điển hình 75

   3.1 Betty and Barney Hill 75
   3.2 *Zeta Reticuli,* nguồn gốc người hành tinh? 77
   3.3 Biến cố Dulce Incident 78
   3.4 Đụng độ 79
   3.5 Những nghi vấn 80
   3.6 Mặt trời: một trạm năng lượng không gian? 81
  4. Biến cố Rendlesham Forest Incident.......................... 83
   4.1 UFO và những chữ viết cổ Ai Cập 83
   4.2 The Missing Time 84
   4.3 Chiều thứ tư và liên trình không thời gian 85
   4.4 Time Portal 85
  5. Nghi vấn tồn đọng 86
   5.1 Bên trên những biên thùy có vẻ là vô hạn 86
   5.2 Con người 100,000 năm tới đây 86
   5.3 Con người về lại từ tương lai 87

CHƯƠNG IV 89
Người Hành Tinh bắt cóc.. 89
  1. Bắt cóc 90
   1.1 Số lượng và nội dung bắt cóc 90
   1.2 Vụ Baia Do Sul, Brazil, 18/10/1977 90
   1.3 Mục đích: máu người 91
   1.4 Miami, Florida, 3/1/1979 92
   1.5 Mark Rowtly, Anh Quốc 94
   1.6 Alamogordo, New Mexico, 1975 95
  2. Viễn tượng của loài người 96
   2.1 Mục tiêu những mô cấy 96
   2.2 Những thủ thuật phụ khoa bí ẩn 97
  3. Người hành tinh đã để lộ bàn tay 99
   3.1 Dulce, New Mexco, 24/3/1978 99
   3.2 Văn minh Cổ Ai Cập 100
   3.3 Hoàng đế Akhenaten 100
   3.4 Thao túng di truyền 102
   3.5 Hệ Thống Siêu Quyền Lực do Thái 103

CHƯƠNG V 105
Âm Mưu Bưng Bít 105
  1. Bưng bít có hệ thống 106
   1.1 Nghi vấn *NASA* 106
   1.2 Baltimore, 14/3/1980 106
   1.3 Tổng Thống John F. Kennedy 107
   1.4 Gemini IV 108

2. Những cuộc "điều tra" của chính phủ 109
2.1 Condon Committee.. 109
2.2 Apollo VIII.. 110
2.3 Những biến cố trên mặt trăng 111
2.4 Gordon Cooper và Phi Thuyền Mercury 112
2.5 Michael Collins 112
2.6 Biến cố năm 1969 113
2.7 Tranquility Base.. 114
2.8 Mất tín hiệu một cách bí ẩn 115
2.9 Tín hiệu được truy lại 116
3. Bí ẩn truyền thông 118
3.1 Hệ truyền thông kép 118
3.2 Bằng chứng người hành tinh 119
3.3 Michael Salla 120
3.4 HELIUM 3 120
CHƯƠNG VI.. 123
Những hiện tượng khí quyển 123
1. Một số giả thuyết 123
1.1 Swirling cauldron of gases.................................... 124
1.2 Hessdalen, Norway, January 18, 1982 124
1.3 Phổ học sóng plasma 126
1.4 Foo Fighters 127
2. Một số trường hợp 129
2.1 Washington DC, 1952 129
2.2 Miền tây Trung Quốc 24/7/1981 131
2.3 Trondelag, Na Uy, 9/12/2009 131
2.4 Ball lighting: Fargo, North Dakota, 1/10/1948 133
2.5 Carl Sagan 134
2.6 Amoeba *UFO* 135
2.7 Philadelphia, 9/1950 135
3. Vi khuẩn người hành tinh 137
3.1 Ấn Độ 2009 137
3.2 Star Jelly tại Anh 138
3.3 Tàu con thoi Columbia 139
CHƯƠNG VII 141
Viễn tượng bị tấn công 141
1. Khái niệm chung 141
1.1 Tương lai không xa 142
1.2 Pennsylvania, November 9, 1965 142
1.3 Biến cố Colares, Brazil... 144

2. Âm mưu phía trước 146
2.1 Biến cố khải huyền 146
2.2 Mưa máu: Kerala State, Ấn Độ 146
2.3 Fatima, Bồ Đào Nha 148
2.4 Spanish Flu 149
2.5 Lao động nô lệ 150
3. Kiểm soát nhân loại 151
3.1 Alamogordo, New Mexico, 1975 151
3.2 Dulce Base 152
3.3 Thiên thạch Apophis 154
4. Vài giả đoán 156
4.1 Viễn tượng Khải huyền 156
4.2 Những thế lực đồng lõa của trái đất......... 157

CHƯƠNG VIII 159
Khả năng bưng bít 159
1. Vai trò của quân lực 160
2. Mười vụ chạm trán hàng đầu 160
2.1 The Cosford Incident 160
2.2 The Battle of Los Angeles 162
2.3 Laredo Crash 164
2.4 Flight 19 và Bermuda Triangle 166
2.5 Operation High Jump 168
2.6 Rendlesham Forest 169
2.7 The Teheran Diamond 172
2.8 The Malmstrom Missiles 173
2.9 The Usovo Incident 174
2.10 Roswell 175

CHƯƠNG IX 179
Hàng Không Tương Lai 179
1. Tổng quát 179
2. Khối lượng hàng không dân dụng 180
2.1 Những con số 180
2.2 Athens, Hy Lạp ngày 11/11/2007 181
2.3 Japan Airlines, Flight 1628 183
2.4 Melbourne, Úc, October 21, 1978 186
2.5 Flight 94 189
2.6 Beebe, Arkansas, December 31, 2010 191
2.7 The Stephenville Lights 192
3. Viễn tượng nhân loại 195
3.1 Xâm lăng không phận 195

3.2 Apollo 11 196
CHƯƠNG X 199
UFO xuất hiện hàng loạt.................................... 199
  1. Tổng quát...199
  2. Những trường hợp... 200
    2.1 Eupen, Bỉ 200
    2.2 *UFO* Wave 1947 202
    2.3 Mount Rainier, Washington.............................. 202
    2.4 Roswell, New Mexico (revisited) 203
    2.5 Alamogordo, New Mexico 204
    2.6 Syracuse, New York (revisited) 205
    2.7 Black Sea (revisited)... 206
    2.8 Usovo Incident (revisited) 207
    2.9 The Washington *UFO* flap 209
    2.10 The Cosford Incident (revisited) 210
  3. Vũ trụ đa chiều..212
CHƯƠNG XI 215
Thời Gian Gián Đoạn (Missing Time)................ 215
  1. Tổng quát...216
  2. Những trường hợp 216
    2.1 Melbourne, Úc 216
    2.2 The Chilean Timewarp (revisited) 220
    2.3 Betty and Barney Hill (revisited) 221
    2.4 Eagle Lake Abduction 223
    2.5 Alamogordo, New Mexico, 1975 (revisited) ... 226
    2.6 The Betty Andreasson Incident 229
    2.7 Aldergrove, British Columbia 232
CHƯƠNG XII 235
Động Cơ Phản Trọng Lực.................................... 235
(Antigravity Propulsion) 235
  1. Tổng quát...236
  2. Những trường hợp 236
    2.1 The Rendlesham Forest Incident (revisited).... 236
    2.2 Paintsville Train Incident.................................. 240
    2.3 Roswell, New Mexico (revisited) 241
    2.4 AREA 51 245
    2.5 Anchorage, Alaska (revisited)........................... 247
    2.6 The Men in Black 250
PHỤ LỤC.. 255

Đĩa Bay và Nguyên Tử **255**
  1. Đĩa bay và người hành tinh **255**
    1.1 Antichrist..255
    1.2 Vatican và người hành tinh 257
    1.3 Công Giáo Dòng Tên 259
    Theo 260
  2. Liên hệ quái đản giữa hạt nhân và đĩa bay (UFO)........ **262**
    2.1 Roswell UFO Crash 262
    2.2 Atomic Energy Act 263
    2.3 Rothschild và Nữ Hoàng Anh: Độc quyền Uranium.................264
  3. Những mẩu chuyện nguyên tử **265**
    3.1 The Tibetan 265
    3.2 Giáo Phái Theosophist 267
    3.3 Israel và thảm họa Fukushima 2011 270
    3.4 Tội ác của George W. Bush và Dick Cheney...........272
    3.5 Khuẩn vi tính Stuxnet 273

VÀO SÁCH

"*Đĩa Bay và Người Hành Tinh*" là công trình sưu tầm tổng hợp dựa trên một số thẩm quyền Hoa Kỳ liên quan đến Thiên Văn Học nói chung và những hiện tượng đĩa bay nói riêng được nhân loại quan tâm từ hơn nửa thế kỷ nay. Nhưng phần lớn tác phẩm nầy tham khảo bộ phim tài liệu nhiều tập được giới khoa học và học giả Hoa Kỳ đánh giá rất cao: *Unsealed: Alien Files*.

Đó là một bộ phim truyền kỳ Mỹ được trình chiếu lần đầu vào năm 2011 ở Hoa Kỳ. Bộ phim nầy điều tra về những tài liệu liên quan đến các trường hợp người ta nhìn thấy và đối tác với những vật bay lạ (Unidentified Flying Objects – UFO) hay đĩa bay (Flying Saucers) được công khai với dân chúng vào năm 2011 dựa theo Đạo Luật *Freedom of Information Ac*t. Mỗi kỳ (episode) của bộ phim nầy xem xét những trường hợp *UFO* được nhìn thấy, những trường hợp bị người hành tinh bắt cóc, âm mưu bưng bít của chính phủ và tin tức *UFO* khắp thế giới.

- Mary Carole McDonnell: *Một nỗ lực toàn cầu đã bắt đầu. Những hồ sơ bị bưng bít với công chúng từ nhiều thập niên, với nhiều chi tiết về đĩa bay, hiện đang được phơi bày cho mọi người. Chúng tôi sẽ phơi bày sự thật phía sau những tài liệu mật nầy. Hãy tìm hiểu xem những gì mà chính phủ Hoa Kỳ không muốn cho bạn biết. Đó là những bí mật lớn nhất trên Trái Đất.*

- Gordon Cooper, phi hành gia trên phi thuyền Mercury, đã trình bày trong một bức thư gởi đến Hội Nghị Liên Hiệp Quốc ngày 9/11/1978: *Tôi tin rằng những tàu không gian nầy và phi hành đoàn của người hành tinh đang viếng hành tinh* chúng ta từ những hành tinh khác,... họ tiến bộ hơn chúng ta trên trái đất về mặt kỹ thuật... Tôi cảm thấy chúng ta cần có một chương trình cao cấp, có phối hợp... để, nhờ vào khoa học, thu thập và phân tích dữ liệu từ khắp trái đất.

- George Marshall, nguyên Bộ Trưởng Quốc Phòng Hoa Kỳ, không ngừng bác bỏ bất kỳ hoạt động *UFO* nào; nhưng, trong chỗ riêng tư, Marshall đã gởi đến Tổng Thống Franklin D. Roosevelt một giác thư với một tiết lộ hết sức kinh ngạc:
"Liên quan đến vụ không biến... trên không phận Los Angeles... tổng hành dinh ở đó đã quả quyết rằng vật bay mà quân đội nhắm bắn thực ra không phát xuất từ trái đất, và theo nguồn tình báo bí mật... rất có thể chúng xuất phát từ ngoài trái đất."

- Nick Pope, nguyên Bộ Trưởng Quốc Phòng Anh: *Có vài chục nhân chứng, kể cả nhiều sỹ quan và nhân viên không quân. Hai căn cứ không quân ở Anh đã nhìn thấy một UFO bay bên trên căn cứ... Đại Tá Charles Halt (Chỉ Huy Phó căn cứ) không thể bài bác chuyện đĩa bay nầy được, vì chính mắt ông ta đã nhìn thấy chúng.*

Nga đã đáp xuống mặt trăng trước Hoa Kỳ. Lý ra họ có thể đưa người lên mặt trăng trước Hoa Kỳ hoặc cùng lắm chỉ sau Hoa Kỳ một thời gian ngắn. Nhưng, cho đến nay, họ vẫn không làm thế. Hoa Kỳ đã thành công đưa người lên mặt trăng với *Apollo 11*, nhưng từ sau năm 1972, họ không bao giờ trở lại mặt trăng. Rất có thể thông điệp mà NASA đã nhận được từ người hành tinh trên mặt trăng vào năm đó là như thế nầy:

"Đây là lãnh thổ của chúng tôi. Các người đừng bao giờ quay trở lại."

Vào Sách

Rất có thể trước đó Nga cũng đã nhận được một thông điệp đại để tương tự như thế. Sau nầy, đến lược Trung Quốc, nếu họ quyết định đưa người lên mặt trăng và nếu họ nhận được một thông điệp nào đó của người hành tinh, thì đó có thể là một thông điệp khác hẳn về bản chất. Tiến trình truyền tin của *Apollo 11* gởi về trái đất bị gián đoạn hai phút một cách bí ẩn. Có thể nội dung truyền tin của hai phút bí ẩn đó đã định đoạt tương lai nhân loại.

Phải chăng đĩa bay là những tàu không gian mang theo những người hành tinh từ những thế giới cách xa trái đất nhiều năm ánh sáng hay, ngược lại, chúng xuất phát từ chính trái đất chúng ta? Phải chăng chúng xuất phát từ một nơi ngoài sức tưởng tượng của con người - từ những hành tinh bí ẩn tại biên thùy của Thái Dương Hệ đến những cuộc hành trình hùng tráng bên kia biên giới của thời gian và không gian? Phải chăng một nền văn minh ngoài hành lâu đời hơn nền văn minh của chúng ta hàng tỉ năm đã khởi hành đến trái đất hàng tỉ năm trước? Phải chăng các *UFO* đã thực sự du hành qua những không gian bao la? Hay biết đâu những người hành tinh nầy đã khám phá được một hình thức lối tắc liên thiên hà nào đó? Thế giới thường tự hỏi làm thế nào những *UFO* và người hành tinh có thể xuất hiện và biến mất một cách tùy tiện. Nhiều người tin rằng họ thực sự không du hành xuyên qua không gian và thời gian theo cùng cách như những phi cơ của chúng ta. Thay vì thế, có vẻ như họ xuất hiện và biến mất bằng cách nhảy vọt giữa các chiều vũ trụ. Các chuyên gia dự đoán những kết quả của những đối tác đơn tử có thể sớm cho thấy có ít nhất 7 chiều nữa bên kia phạm vi tri giác của con người. Đó là những chiều mà người hành tinh có thể đang xử dụng như những xa lộ liên thiên hà (intergalactic highways) để du hành xuyên qua vũ trụ trong nháy mắt.

Bao lâu nữa công chúng mới biết rõ nội dung những mật ước mà một số tổng thống Mỹ hay Hệ Thống Siêu Quyền Lực Do

Thái có thể đã ký kết với người hành tinh? Đó là Hiệp Ước **GRENADA TREATY**, được TT Eisenhower ký kết với giống người hành tinh *Grays* tại Căn Cứ Không Quân *Holloman Air Force Base*, thuộc tiểu bang New Mexico vào năm 1957, với nghị định thi hành số **SOM1-01**. Dù hiệp ước đó có được giải mã hay không, nhiều chuyên gia ngày nay xem đó là một **hợp đồng với ác quỷ**. Qua trận đụng độ ở Dulce, New Mexico, vào tháng 8/1979, người ta mới nhận rằng chính phủ Hoa Kỳ đã biết mọi chuyện về sự hiện diện của người hành tinh trên trái đất chúng ta. Khó ai có thể tưởng tượng những người hành tinh đã trú đóng ở đó từ 400 đến 500 năm trước đây. Rất có thể những chủng loại người hành tinh đã ẩn náu trong những dải núi của chúng ta hay thậm chí ngay trong trung tâm trái đất từ nhiều thế kỷ nay? *CIA* hay một thế lực nào đó dưới quyền điều khiển của Hệ Thống Siêu Quyền Lực Do Thái bị tình nghi đồng lõa với người hành tinh trên lưng Hoa Kỳ và nhân loại nói chung.

Theo các chuyên gia, sự sống trên trái đất sẽ trở nên bất ổn. Tuy nhiên, một số người tin rằng cao điểm đó chính là những gì mà người hành tinh và những kẻ đồng lõa của họ trên trái đất đang chờ đợi. Nếu có một kế hoạch để chiếm đoạt trái đất hay nô lệ hóa trái đất, thì chuyện đó đang bắt đầu từ trong ra. Có thể nào như thế chăng? Liệu người hành tinh sẽ quét sạch nhân loại khỏi mặt đất và thay thế chúng ta bằng một hình thức sống lai chủng mới? Biết đâu chẳng có những sinh vật lai chủng như thế trong chúng ta, được thiết kế để tồn tại và bắt đầu lại một lần nữa?

Ở điểm nầy người ta sẽ tự hỏi thế lực đồng lõa đó có thể là ai, nếu không phải Hệ Thống Siêu Quyền Lực Do Thái đang từng bước xây dựng cái mệnh danh là Trật Tự Thế Giới Mới do chủng tộc vô gia cư của họ cai trị. Phải chăng kế hoạch chiếm đoạt trái đất tiến hành từ trong ra, nghĩa là từ Hệ thống chính trị ma nầy của Do Thái? Không phải vô cớ mà người ta đặt ra những nghi vấn như thế. Hệ Thống Siêu Quyền Lực

Vào Sách

Do Thái khét tiếng về âm mưu bưng bít chính trị tại Hoa Kỳ và thậm chí trên toàn thế giới từ hơn thế kỷ nay, với một mạng lưới truyền thông dày đặt và bao la nằm trong những tên trùm Do Thái. Âm mưu đó phản ảnh rất rõ nét âm mưu bưng bít về đĩa bay và người hành tinh. Chỉ có Nhà Nước Chìm Do Thái mới có khả năng, động lực, và phương tiện để bưng bít được lâu như thế và quy mô đến thế; và họ ra sức bưng bít chỉ vì họ đã và đang dính líu với người hành tinh, hay, đúng hơn, họ đã và đang đồng lõa với người hành tinh để cai trị hoặc hãm hại nhân loại theo bản năng cố hữu: giết Chúa và hại người. Không ai rõ người hành tinh đang khai thác Hệ Thống Siêu Quyền Lực Do Thái hay hệ thống nầy đang khai thác người hành tinh. Một điều hiển nhiên nhất là Do Thái đang xử dụng lá bài người hành tinh để hù dọa nhân loại, thúc ép thế giới đứng chung hàng ngũ với họ được nói để đi đến Trật Tự Thế giới Mới do bọn vô gia cư làm chủ và cai trị.

Rất có thể hệ thống nầy đang núp bóng người hành tinh để tác oai tác quái trên trái đất, qua mặt cả mọi hệ thống chính trị và qua mặt cả những nguyên thủ quốc gia từ tổng thống trở xuống.

Chỉ vì chủ trương người dân Hoa Kỳ có quyền đối với những thông tin về sự hiện hữu của người hành tinh và đĩa bay nên James Forrestal, nguyên Bộ Trưởng Quốc Phòng thời TT Harry Truman, đã bỏ mạng vì bị ném xuống từ tầng lâu thứ 16. Đó là ngày 22/5/1949.

Ngoài những động cơ khác, vì cương quyết buộc *MAJESTIC-12* và *CIA* phải công bố thông tin về đĩa bay và người hành tinh cho dân chúng nên cố TT John F. Kennedy đã bị ám sát ở Dallas, Texas. Đó là ngày 22/11/1963.

Tham khảo:

- Willaim J. Birnes && Philip Carso: *The Day After Roswell: A Former Pentagon Official Reveals the U.S. Government's Shocking UFO Cover-up*
- Thomas J. Carey & Donald R. Schmitt: *Witness to Roswell*
- Jefferson Souza & Gil Carlson: Blue Planet Project - An Inquiry Into Alien Life Forms *Spiral-bound – 2014*
- American Television Series: *Unsealed Alien Files*

CHƯƠNG I

Project Blue Book

Primary reference:
- https://en.wikipedia.org/wiki/Project_Blue_Book
- *Unsealed: Alien Files*, American Television Series

** *Project Blue Book* không liên quan gì đến *Blue Planet Project*, một chủ đề được trình bày trong một tập khác.

1. Tổng quát

Project Blue Book là một công trình bao gồm trong một loạt nghiên cứu có hệ thống về những vật bay lạ (unidentified flying objects - *UFO*) do Không Lực Hoa Kỳ (KLHK) tiến hành. Dự án nầy khởi sự năm 1952 và là công trình nghiên cứu thứ ba thuộc cùng loại – hai công trình đầu mang tên *Project SIGN* (1947) và *Project GRUDGE* (1949). Chính phủ Hoa Kỳ ra lệnh ngưng công trình nghiên cứu nầy vào tháng 12/1969, và mọi hoạt động trong khuôn khổ bảo trợ dự án đã đình chỉ vào tháng 1/1970.

1.1 Mục tiêu

Project Blue Book có hai mục tiêu:
1. Xác định những đĩa bay (*UFO*) có phải là một mối đe dọa cho an ninh quốc gia hay không,
2. Phân tích một cách khoa học những dữ liệu liên quan đến *UFO*.

1.3 Phúc trình Condon Report

Hàng ngàn phúc trình về *UFO* đã được thu thập, phân tích, và đưa vào hồ sơ. Trong số những phúc trình nầy, người ta thường tham chiếu phúc trình của Ủy Ban *Condon Committee*, tên gọi không chính thức của Dự Án *University of Colorado UFO Project*, thuộc một nhóm chuyên gia được KLHK tài trợ từ năm 1966 đến năm 1968 tại Đại Học *Colorado University* nhằm nghiên cứu những vật bay lạ theo sự chỉ đạo của vật lý gia Edward Condon. Kết quả của công trình nầy chính thức mang tên *Scientific Study of Unidentified Flying Objects*, và được biết đến như là *Condon Report*, được phổ biến năm 1968.

Phúc trình *Condon Report* kết luận không có gì bất thường về *UFO*, và sau đó Dự Án *Project Blue Book* được lệnh đình chỉ vào tháng 12/1969. KLHK tiếp tục cung ứng bản tóm lược dưới đây về những cuộc điều tra của họ:

1. Không có một *UFO* nào do KLHK báo cáo, điều tra, và đánh giá cho thấy mối đe dọa đến an ninh quốc gia;

2. Không có bằng chứng nào được đệ nạp cho KLHK hay do KLHK khám phá cho thấy những vụ phát hiện được xếp loại như là "vật bay lạ" tượng trưng cho những phát triển hay nguyên lý kỹ thuật vượt quá sự hiểu biết khoa học;

3. Không có bằng chứng nào cho thấy những vụ phát hiện được xếp loại như "vật bay lạ" là những đĩa bay ngoài hành tinh.

1.4 Kết luận của Dự Án Project *Blue Book*

Vào thời điểm đình chỉ, Dự Án *Project Blue Book* đã thu thập được 12,618 phúc trình về *UFO*, và kết luận rằng phần lớn những phúc trình nầy là những nhận định sai về những hiện tượng thiên nhiên như mây, tinh tú, v.v... hay những phi cơ quy ước. Theo Cơ Quan Tình Báo Quốc Gia *NRO* (National Reconnaissance Office), một số những phúc trình có thể được giải thích như là những phi vụ của những phi cơ trinh thám bí mật *U-2* và *A-12*. Một số ít những phúc trình về *UFO* được xem như những phúc trình không được giải thích, cho dù đã được phân tích kỹ lưỡng. Những phúc trình *UFO* được tàng trữ và có thể được truy cập theo Đạo Luật *Freedom of Information Act*, nhưng tên tuổi và những thông tin cá nhân khác của các nhân chứng đã được biên tập lại.

2. Những dự án trước kia

2.1 Dự Án Grudge

Ban đầu, những nghiên cứu công khai về *UFO* của KLHK được tiến hành theo Dự Án *Project Sign* vào cuối năm 1947, theo sau nhiều phúc trình được phổ biến rộng rãi. *Project Sign* được tiến hành đặc biệt theo yêu cầu của Tướng Nathan Twining, Chỉ Huy Bộ Tư Lệnh *Air Force Materiel Command* thuộc Căn Cứ Không Quân *Wright-Patterson Air Force Base*. Căn cứ nầy cũng là địa bàn của Dự Án *Project Sign* và tất cả những cuộc điều tra công khai chính thức của KLHK. Chính thức mà nói, Dự án nầy không đưa ra một kết luận nào về nguyên nhân của những trường hợp nhìn thấy *UFO*. <u>Tuy nhiên, theo Đại Úy Không Quân Edward J. Ruppelt (Giám đốc đầu tiên của Dự Án *Project Blue Book* - như được đề cập ở phần dưới), ước đoán tình báo sơ khởi của Dự Án *Sign* - hay *Estimate of the Situation* được viết vào năm 1948 - kết luận rằng những đĩa bay (flying saucers) là những phi cơ thực (real craft), không phải do Nga hay Hoa Kỳ chế tạo, và có thể phát xuất từ ngoài trái đất.</u>

Ước đoán nầy được chuyển đến Ngũ Giác Đài, nhưng sau đó được Tướng Hoyt Vandenberg, Tham Mưu Trưởng KLHK, ra lệnh tiêu hủy, viện cớ thiếu bằng chứng cụ thể. Sau đó Tướng Vandenberg giải tán Dự Án *Sign*. Dự Án *Grudge* kế tục Dự Án *Sign* vào năm 1948, và bị chỉ trích mang sứ mạng phủ nhận sự kiện. Ruppelt xem thời đại của Dự Án *Project Grudge* như là "thời đại đen tối" (dark ages) của công trình điều tra buổi đầu của KLHK về *UFO*. Dự Án *Grudge* kết luận rằng tát cả những *UFO* là những hiện tượng thiên nhiên hay những diễn dịch sai lệch khác, mặc dù họ cũng tuyên bố rằng <u>23 phần trăm những phúc trình không thể giải thích được</u>.

2.2 Kỷ nguyên Captain Ruppelt

Theo Đại Úy Edward Ruppelt, vào cuối năm 1951, một số tướng lãnh rất có thế lực trong KLHK rất bất mãn với thực trạng của những cuộc điều tra *UFO* của KLHK nên họ hủy bỏ Dự Án *Project Grudge* và thay thế nó bằng Dự Án <u>*Project Blue Book*</u> vào tháng 3/1952. Một trong số những viên tướng nầy là Tướng Charles P. Cabell. Những thay đổi quan trọng khác diễn ra khi Tướng William Garland tham gia vào ban tham mưu của Tướng Cabell. <u>Garland nghĩ rằng vấn đề *UFO* đáng được theo dõi nghiêm chỉnh vì cá nhân ông đã chứng kiến một *UFO*</u>.

Cái tên mới <u>*Project Blue Book*</u> được lựa chọn để tham chiếu những sách nhỏ mệnh danh là <u>*blue booklets*</u> được xử dụng trong các kỳ thi tại một số trường cao đẳng và đại học. Theo Ruppelt, cái tên đó được chọn là do sự quan tâm triệt để mà các sỹ quan cao cấp dành cho dự án mới nầy.

Chương I: Project Blue Book

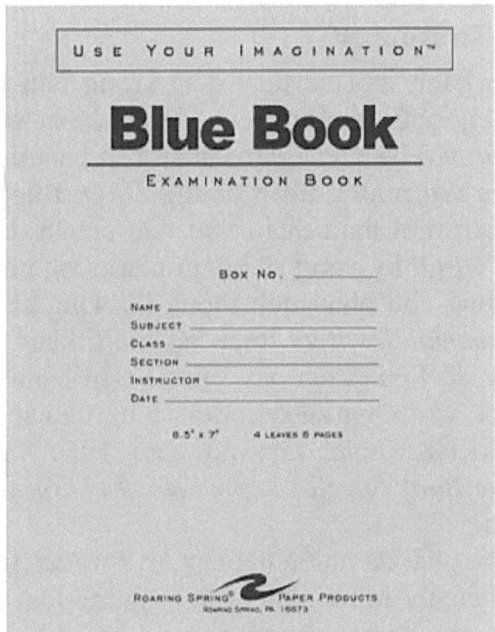

Người ta cảm thấy công trình nghiên cứu *UFO* cũng quan trọng như một kỳ thi mãn khóa của một đại học. Về tư thế, dự án nầy cũng được nâng cấp từ Dự Án *Project Grudge*, với việc thành lập chi nhánh *Aerial Phenomenon Branch*.

Như đã đề cập bên trên, Ruppelt là giám đốc đầu tiên của Dự Án *Project Grudge*. Ông là một sỹ quan không quân giàu kinh nghiệm, từng được tuyên dương công trạng Không Quân trong Đệ Nhị Thế Chiến, và sau đó đã đổ bằng hàng không. Ông chính thức đề xướng thuật ngữ "*Unidentified Flying Object - UFO*" để thay thế thuật ngữ "*Flying saucer*" mà giới quân sự đã dùng trước đó. Ruppelt cho rằng "*Unidentified Flying Object*" là một thuật ngữ trung tính và chính xác hơn. Ông đã từ nhiệm không quân một vài năm sau đó và viết cuốn *The Report on Unidentified Flying Object* để mô tả công trình nghiên cứu của KLHK về *UFO* từ năm 1947 đến 1955.

2.3 Phương án Ruppelt

Ruppelt tiến hành một số thay đổi: Trọng tâm hóa phương thức mà những phúc trình mà các viên chức quân sự nhận và gởi, một phần với hy vọng giảm thiểu bản chất tiêu cực và lố bịch gắn liền với những nhân chứng *UFO*. Ruppelt cũng ra lệnh phát triển một mẫu thẩm vấn tiêu chuẩn dành cho các nhân chứng *UFO*, hy vọng sẽ khám phá được những dữ liệu có thể xử dụng cho phân tích thống kê. Ông chỉ định Viện *Battelle Memorial Institute* thiết lập mẫu thẩm vấn và điện toán hóa các dữ liệu. Viện nầy sau đó tiến hành một nghiên cứu khoa học và thống kê quy mô về tất cả các trường hợp *UFO* của KLHK, hoàn tất vào năm 1954 và mang tên *"Project Blue Book Special Report No. 14"* với nội dung tóm lược như sau.

Vì biết nạn bè phái đã nhiễu hại Dự Án *Project Sign*, Ruppelt đã cố gắng hết sức mình nhằm tránh những loại giả đoán vu vơ từng làm cho đám nhân viên của *Sign* chia rẽ, một bên, thành những người cổ xúy và, một bên, thành những người chỉ trích giả thuyết về người hành tinh. Nếu thuộc cấp nào trở nên quá hoài nghi hay quá tin tưởng vào một lý thuyết nào đó thì họ liền bị đưa ra khỏi dự án. Trong cuốn sách của ông, Ruppelt tường thuật rằng ông đã sa thải ba nhân viên ngay trong buổi đầu của dự án vì họ tỏ ra quá "thân (pro)" hoặc quá "chống (con)" đối với giả thuyết nầy hay giả thuyết khác. Ruppelt tìm kiếm cố vấn nơi nhiều khoa học gia và chuyên gia, và đã phổ biến đều đặn những thông cáo báo chí (cùng với những phúc trình mật hàng tháng cho cơ quan tình báo quân đội).

Mỗi căn cứ quân sự Hoa Kỳ đều có một sỹ quan phụ trách Dự Án *Blue Book* để thu thập những phúc trình *UFO* và chuyển đến Ruppelt. Trong phần lớn nhiệm kỳ của Ruppelt, ông và toán công tác của ông được phép phỏng vấn bất kỳ nhân viên quân sự nào đã chứng kiến *UFO*, và không bị bắt buộc phải tuân theo hệ thống quân giai. Quyền hạn chưa từng thấy nầy nêu bật tính nghiêm trọng của công tác điều tra của dự án.

Dưới sự điều khiển của Ruppelt, Dự Án *Blue Book* đã điều tra một số trường hợp *UFO* nổi tiếng, kể cả trường hợp mang tên *Lubbock Lights*, và trường hợp người ta nhìn thấy *UFO* qua *radar* và mắt thường được phổ biến rộng rãi năm 1952 ở Washington DC. Theo Jacques Vallee, Ruppelt đã khởi đầu một xu thế, mở đường rộng rãi cho những cuộc điều tra sau nầy của Dự Án *Blue Book*. Xu thế đó là xem xét nghiêm chỉnh nhiều vụ tường thuật về việc *UFO* đáp xuống và những đối tác, nếu có, của nhân chứng với những kẻ điều khiển *UFO*.

2.4 Phi hành gia Dr. J. Allen Hynek

Dr. J. Allen Hynek, một phi hành gia Hoa Kỳ, là tham vấn khoa học cho dự án - ông đã từng tham gia hai Dự Án *Sign* và *Grudge*. Ông đã làm việc cho Dự Án *Blue Book* cho đến khi giải tán. Ông là người đầu tiên đã thiết lập phương pháp phân loại triển khai mang tên *Close encounters*. Khi khởi sự, ông có thái độ hoài nghi rõ rệt, nhưng sau đó ông nói rằng những cảm nghĩ của ông đã thay đổi và lập trường hoài nghi ban đầu của ông bắt đầu nao núng theo với quá trình nghiên cứu - sau khi đọc một số ít phúc trình về *UFO* mà ông cho là không thể giải thích nổi.

Ruppelt rời Dự Án *Blue Book* vào tháng 2/1953 để nhận một nhiệm vụ mới tạm thời. Vài tháng sau ông trở lại dự án và lúc đó toán nhân viên của ông đã giảm từ hơn 10 phụ tá xuống còn 2 phụ tá. Quá thất vọng, Ruppelt đã đề nghị một đơn vị Chỉ Huy Phòng Không (Air Defense Command) nên đảm trách những cuộc điều tra *UFO*.

3. Hội Đồng Robertson

3.1 *UFO* xuất hiện gần *National Airport* ở Washington, D.C.

Vào tháng 7/1952, sau khi dồn dập xảy ra hàng trăm vụ chứng kiến *UFO* từ một vài tháng trước đó, một loạt những vụ phát hiện *UFO* bằng radar trùng hợp với những vụ phát hiện trên đã được quan sát thấy gần phi trường quốc gia *National Airport* ở Washington, D.C.. John McCain - về sau trở thành thượng nghị sỹ - được nói là một trong những người chứng kiến *UFO* nói trên.

3.2 CIA nhập cuộc

Sau khi được quảng bá rộng rãi, những vụ chứng kiến *UFO* đã khiến Cơ Quan Tình Báo Trung Ương *CIA* thành lập một hội đồng gồm những khoa học gia đứng đầu là Dr. H. P. Robertson, một vật lý gia thuộc Viện *California Institute of Technology,* gồm nhiều nhà vật lý, thiên thạch học, và kỹ sư khác nhau, cùng với phi hành gia Hynek vừa đề cập bên trên. Hội đồng *Robertson Panel* họp lần đầu tiên vào ngày 14/1/1953 nhằm minh định một đáp ứng trước sự quan tâm sâu sắc của công chúng về *UFO*.

Ruppelt, Hynek, và những người khác đã trình bày bằng chứng cụ thể nhất, bao gồm một khúc phim, do Dự Án *Blue Book* thu thập được. Sau khi bỏ ra 12 tiếng để xem xét lại những dữ liệu trong 6 năm, Hội Đồng nầy kết luận rằng phần lớn những báo cáo *UFO* có những giải thích kỳ quặc, và tất cả chúng đều có thể được giải thích bằng những điều tra xa hơn - mà họ cho là không đáng bỏ công.

Trong bản phúc trình chung kết, họ nhấn mạnh rằng những phúc trình *UFO* cấp thấp và không thể kiểm chứng tràn ngập các kênh tình báo, khó có thể xem là một mối đe dọa đối với Hoa Kỳ. Do đó, họ khuyên KLHK không nên nhấn mạnh đề tài *UFO* và nên tiến hành một chiến dịch bài bác để giảm nhẹ mối quan tâm của công chúng. Họ đề nghị bài bác qua truyền thông, kể cả phim ảnh *Walt Disney*, và nên xử dụng các nhà tâm lý học, phi hành gia, thiên văn học, và các nhân vật tiếng tăm để chế nhạo những hiện tượng liên quan, đồng thời đưa ra những giải thích kỳ quặc. Ngoài ra, theo họ, những nhóm <u>UFO</u> tư nhân nên được theo dõi để tránh tác động có thể quá lớn của họ trên dự luận quần chúng... Họ cũng khuyên nên lưu ý sự vô trách nhiệm hiển nhiên của các nhóm đó và ý đồ xử dụng những nhóm đó vào các mục tiêu phá hoại.

3.3 Kết luận của các nhà nghiên cứu

Đây là kết luận của nhiều nhà nghiên cứu: <u>Hội Đồng Robertson Panel khuyên nên kiểm soát công luận thông qua một chương trình tuyên truyền và gián điệp chính thức</u>. Họ cũng tin rằng những khuyến cáo nầy đã giúp định hình chính sách của KLHK liên quan đến việc nghiên cứu *UFO*, không chỉ lập tức sau đó mà ngay trong hiện tại. Bằng chứng cho thấy những khuyến cáo của hội đồng nầy được thi hành sau ít nhất hai thập niên kể từ khi những kết luận của họ được đưa ra.

3.4 Lệnh cấm

Vào tháng 12/1953, Quyết Định hỗn hợp số 146 của Không Quân và Hải Quân Hoa Kỳ (Joint Army-Navy-Air Force Regulation number 146) kết tội hành sự đối với bất kỳ nhân viên quân đội nào bàn thảo những **phúc trình bí mật về UFO** với những người không có thẩm quyền. <u>Những người vi phạm có thể lãnh đến hai năm tù và có thể bị phạt đến $10,000 *dollars*</u>.

4. Hệ quả của Hội Đồng Robertson Panel

4.1 Nghị Quyết Regulation 200-2

Trong cuốn sách của ông, Ruppelt mô tả hiện tượng mất tinh thần nơi các nhân viên của Dự Án *Blue Book* và sự kiện họ bị bãi nhiệm điều tra theo sau phán quyết của Hội Đồng

Robertson Panel. <u>Như một hậu quả tức thời của những khuyến cáo của Hội Đồng nầy, vào tháng 2/1953, KLHK ban hành Nghị Quyết *Regulation 200-2*, ra lệnh các sỹ quan Không Quân chỉ được công khai bàn thảo về những biến cố *UFO* khi chúng được phán quyết như là những trường hợp đã được giải quyết, và họ phải xếp lại tất cả những trường hợp chưa được giải quyết để công chúng khỏi nhìn thấy.</u>
Trong cùng tháng đó, các nhiệm vụ điều tra được giao phó cho đơn vị Tình Báo Không Quân mới thành lập mang tên *4602nd Air Intelligence Squadron (AISS)* thuộc Bộ Chỉ Huy Phòng Không (Air Defense Command). Đơn vị *4602nd AISS* được lệnh chỉ điều tra những trường hợp *UFO* quan trọng nhất về mặt tình báo và an ninh quốc gia mà thôi. Những trường hợp nầy được cố tình tách khỏi Dự Án *Blue Book*, khiến dự án nầy chỉ còn dính dáng đến những trường hợp vớ vẩn mà thôi.

Tướng Nathan Twining, người khởi sự Dự Án *Project Sign*, nay trở thành Tham Mưu Trưởng KLHK. Vào tháng 8/1954, ông quy định rõ hơn những trách nhiệm của đơn vị *4602nd AISS* bằng cách ban hành một Nghị Quyết *Air Force Regulation 200-2* cập nhật. Ngoài ra, những đĩa bay mệnh danh là *UFOB* được định nghĩa như những vật bay (airborne objects) không phù hợp với bất kỳ một loại phi cơ hay phi đạn nào hiện được biết đến hay không thể xác định như là một vật quen thuộc (familiar object), dựa trên kỹ năng (performance), đặc tính khí động lực (aerodynamic), hay những đặc tính bất thường. Công tác điều tra *UFO* phải được nêu rõ là vì mục đích an ninh quốc gia và phải xác định những phương diện kỹ thuật. Một lần nữa, nghị quyết trên quy định rằng Dự Án *Blue Book* chỉ được bàn đến những trường hợp *UFO* với báo chí nếu chúng được xem như đã được giải thích theo lối quy ước. Nếu chúng không được xác định rõ ràng thì báo chí chỉ được cho biết rằng sự việc đang được phân tích. Dự Án *Blue Book* cũng được lệnh phải giảm thiểu tối đa con số những trường hợp không được xác định.

Chương I: Project Blue Book

4.2 Hiện tượng xuống đồi của công tác điều tra

Tất cả những chuyện nầy diễn ra trong vòng bí mật. Bề ngoài của Dự Án vẫn tiếp tục là công tác điều tra về *UFO*, nhưng thực tế nó chỉ thực hiện rất ít những vụ điều tra nghiêm trọng, và hầu như chỉ còn là cái vỏ quan hệ công cộng với sứ mạng phủ nhận sự thật. Chẳng hạn, vào cuối năm 1956, số lượng những trường hợp được liệt kê như không được giải quyết đã giảm xuống chỉ còn không đến 0.4 phần trăm, thay vì từ 20 đến 30 phần trăm chỉ vài năm trước đó.

Cuối cùng Ruppelt đã yêu cầu chuyển công tác. Như đã đề cập ở trên, khi ông ra đi vào tháng 8/1953, nhân viên của ông đã giảm từ hơn mười người xuống còn hai người ngoài ông ra. Người thay thế ông là một sỹ quan không thuộc ngành tình báo. Phần lớn những người kế nhiệm ông trong chức vụ giám đốc Dự Án *Blue Book* đều tỏ ra vô cảm hay thù nghịch với đề tài *UFO*, hoặc họ bị trở ngại vì thiếu tài trợ hay hậu thuẫn chính thức.

Những người điều tra *UFO* thường xem nhiệm kỳ ngắn ngủi của Ruppelt trong Dự Án *Blue Book* như là cao điểm của các cuộc điều tra công khai của KLHK về *UFO*, khi mà những công tác điều tra *UFO* được đối xử nghiêm chỉnh và nhận được hậu thuẫn ở những cấp cao. Từ đó về sau, Dự Án *Blue Book* rơi xuống thành cái mệnh danh là "Dark Ages (Thời Đại Đen)" từ đó nhiều nhà điều tra cho rằng nó không bao giờ ngoi lên trở lại. Tuy nhiên, về sau Ruppelt lại nhận định là chẳng có gì phi thường về *UFO*; thậm chí ông còn xem đề tài đó như là một "Space Age Myth" (Huyền Thoại của Thời Đại Không Gian).

4.3 Thời Đại Captain Hardin

Vào tháng 3/1954, Đại Úy Charles Hardin được bổ nhiệm làm giám đốc của *Blue Book*. Tuy nhiên, phần lớn những cuộc điều tra về *UFO* đều được điều khiển bởi đơn vị 4602nd, và Hardin không có phản đối nào. Ruppelt viết, "Hardin nghĩ rằng bất kỳ quan tâm nào đến *UFO* cũng đều điên rồ cả."

Vào năm 1955, KLHK quyết định mục tiêu của *Blue Book* không phải là điều tra những phúc trình về *UFO*, mà, đúng hơn, giảm thiểu tối đa con số những phúc trình *UFO*. Vào cuối năm 1956, con số những vụ nhìn thấy *UFO* không được xác định đã giảm từ 20-25% trong thời kỳ Ruppelt xuống còn 1%.

4.4 Thời Đại Captain Gregory

Đại Úy George Gregory lên làm giám đốc của *Blue Book* vào năm 1956. Ông điều khiển dự án nầy với một đường lối thậm chí còn cứng cõi hơn là nhân vật vô cảm Hardin. Đơn vị *4602nd* bị giải tán, và đơn vị *1066th Air Intelligence Service Squadron* đảm trách các công tác điều tra *UFO*. Thực ra, không có hoặc có rất ít những phúc trình về *UFO*. Một nghị quyết được duyệt lại mang tên *AFR 200-2* và được ban hành trong nhiệm kỳ của Gregory nhấn mạnh rằng những báo cáo không được giải thích về *UFO* phải được giảm thiểu tối đa.

Một trong những cách mà Gregory giảm thiểu con số những trường hợp *UFO* không được giải thích chỉ là phân loại lại mà thôi. Những trường hợp mệnh danh là "*possible cases* (có thể)" trở thành "*probable cases* (rất có thể)," và "*probable cases*" trở thành "*certainties* (chắc chắn)." Theo luận lý nầy, một "*possible comet*" trở thành một "*probable comet*," trong khi một "*probable comet*" đương nhiên được tuyên bố là một "*misidentified comet*" (Chắc chắn là sao chổi bị nhìn lầm thành đĩa bay). Tương tự, nếu một nhân chứng báo cáo nhìn thấy một vật bất thường giống như quả cầu (unusual balloon-like object) thì *Blue Book* thường xếp loại nó như là một *balloon,* không cần tìm hiểu và xác minh. Phương thức đó trở thành tiêu chuẩn cho phần lớn những cuộc điều tra về sau của *Blue Book*.

4.5 Thời Đại Major Friend

Thiếu Tá Robert J. Friend được bổ nhiệm làm giám đốc *Blue Book* vào năm 1958. Từ năm 1954, đôi lần ông đã cố gắng đảo ngược đường lối điều hành dự án nầy; nhưng nói chung ông đều gặp trở ngại vì thiếu tài trợ và giúp đỡ.

Nhờ mạnh dạn hơn với những nỗ lực của Friend, Allen Hynek đã tổ chức cuộc họp đầu tiên giữa các nhân viên của *Blue Book* và Ủy Ban *ATIC* (Air Technical Intelligence Center) vào năm 1959. Hynek đề nghị một số phúc trình cũ về *UFO* nên được đánh giá lại, với mục đích hiển thị là di chuyển chúng từ dạng "*unknown*" sang dạng "*identified.*" Nhưng kế hoạch của Hynek chẳng đi đến đâu.

Trong nhiệm kỳ của Friend, *ATIC* dự tính chuyển việc quản lý *Blue Book* sang một cơ quan Không Quân khác nhưng không cơ quan nào để ý, kể cả Trung Tâm Air *Research and Development Center*, và *Office of Information for the Secretary of the Air Force.*

Vào năm 1960, có những điều trần của Quốc Hội liên quan đến *UFO*. Nhóm nghiên cứu *UFO* mang tên *NICAP* công khai chỉ trích *Blue Book* đã bưng bít bằng chứng, và họ cũng có được một vài đồng minh trong Quốc Hội Hoa Kỳ. *Blue Book* bị Quốc Hội và *CIA* điều tra; một số nhà phê bình, nhất là nhóm dân sự *NICAP*, quả quyết rằng *Blue Book* thiếu nghiên cứu khoa học. Đáp lại, *ATIC* đã bổ sung nhân viên (gia tăng tổng số nhân viên lên ba quân nhân, cộng thêm những thư ký dân chính) và gia tăng ngân sách cho *Blue Book*. Điều nầy dường như có dịu được một số người chỉ trích *Blue Book*, nhưng chỉ tạm thời mà thôi. Vài năm sau, sự chỉ trích thậm chí còn lớn giọng hơn nữa.

Vào lúc ông được đưa ra khỏi *Blue Book* vào năm 1963, Friend nghĩ rằng *Blue Book* thực sự vô dụng và cần phải giải tán, mặc dù chuyện đó đã gây công phẫn trong công chúng.

4.6 Major Quintanilla

Thiếu Tá Quintanilla làm giám đốc *Blue Book* vào năm 1963. Chủ yếu ông chỉ tiếp tục các nỗ lực bài bác; và chính dưới sự điều khiển của ông mà *Blue Book* đã khứng chịu những chỉ trích gay gắt nhất. Jerome E. McDonald, một vật lý gia đồng thời là một nhà nghiên cứu *UFO*, có lần đã tuyên bố rằng

Quintanilla là vô năng về cả hai mặt khoa học và điều tra. Tuy nhiên, McDonald cũng nhấn mạnh không nên quy trách Quintanilla, vì ông được thượng cấp của ông lựa chọn vào chức vụ đó để tuân thủ những mệnh lệnh điều khiển *Blue Book*.

Những giải thích của *Blue Book* về những báo cáo *UFO* không được chấp nhận rộng rãi. Các nhà phê bình, nhất là một số khoa học gia, cho rằng Dự Án *Blue Book* được xử dụng cho việc nghiên cứu đầy nghi vấn hay, thậm chí tệ hại hơn, với mục đích bưng bít. Sự chỉ trích nầy trở nên càng lúc càng đặc biệt mãnh liệt và rộng khắp trong thập niên 1960.

Chúng ta thử nêu ra hầu hết những báo cáo *UFO* về ban đêm ở Miền trung tây và đông nam Hoa Kỳ vào mùa hè 1965: các nhân chứng ở Texas báo cáo nhìn thấy những tia sáng nhiều màu và những vật bay lạ hình quả trứng hay hình thoi. Lực lượng tuần tra xa lộ Oklahoma báo cáo Căn cứ Không Quân *Tinker Air Force Base* (gần Oklahoma City) đã theo dõi bốn *UFO* cùng lúc, và một số trong đó đã đáp xuống rất nhanh: từ gần 22,000 feet xuống 4000 feet chỉ trong vài giây, một động tác hoàn toàn vượt khả năng của những phi cơ quy ước thời đó. John Shockley, một chuyên viên về thiên thạch tường thuật rằng, nhờ vào *radar* của Sở Khí Tượng tiểu bang, ông đã theo dõi một số vật lạ khác thường bay ở những độ cao từ 6000 feet – 9000 feet. Những báo cáo nầy cùng với những báo cáo khác đã được phổ biến rộng khắp.

Dự Án *Blue Book* chính thức quả quyết những nhân chứng đã tưởng lầm hành tinh *Jupiter* hay những sao sáng – như *Rigel* hay *Betelgeuse* - thành những cái gì khác.

Lối giải thích đó đã bị nhiều người chỉ trích là không chính xác. Robert Riser, giám đốc Cơ Quan *Oklahoma Science and Art Foundation Planetarium*, đưa ra một phản bác với lời lẽ mạnh bạo đối với *Blue Book*, và phản bác nầy đã được phát tán rộng khắp: "Giải thích đó xa rời sự thật như mọi người đều thấy. Những sao sáng đó và những hành tinh đó nằm về phía bên kia của trái đất nếu nhìn từ Oklahoma City vào thời điểm nầy trong năm. KLHK chắc đã đặt ngược đầu kính thiên văn của họ trong tháng tám."

Mục xã luận của tờ *Richmond News Leader* cho rằng những nỗ lực nhằm phủ nhận những trường hợp nhìn thấy *UFO* theo luận điểm của *Blue Book* sẽ không giải quyết được bí ẩn... mà chỉ làm gia tăng sự hồ nghi cho rằng có một cái gì ngoài kia mà KLHK không muốn chúng ta biết đến. Trong khi đó phóng viên của hãng UPI có trụ sở ở Wichita ghi nhận rằng "*Radar* thường không quan sát được hành tinh và sao sáng."

4.7 Portage County *UFO* Chase

Một trường hợp khác mà những người chỉ trích *Blue Book* đưa ra là biến cố mang tên *Portage County UFO Chase*, bắt đầu vào khoảng 5 giờ sáng, ngày 17/4/1966, gần Ravenna, tiểu bang Ohio. Theo mô tả của các sỹ quan cảnh sát Dale Spaur và Wilbur Neff, họ nhìn thấy một vật hình đĩa màu bạc ở độ cao khoảng 1,000 feet, với một tia sáng chói phát ra từ bên dưới. Họ bắt đầu đuổi theo vật nầy (đôi lúc xuống thấp khoảng 50 feet), và cảnh sát từ những khu vực tài phán khác cũng tham gia vào cuộc rượt đuổi – chấm dứt khoảng 30 phút sau gần Freedom, tiểu bang Pennsylvania, cách xa khoảng 85 *miles*.

Cuộc rượt đuổi nầy cả nước đều biết, và cảnh sát đã đệ trình những báo cáo chi tiết cho *Blue Book*. Sau đó năm ngày – sau những cuộc phỏng vấn ngắn với một người duy nhất trong số những sỹ quan cảnh sát liên quan (nhưng không có một nhân chứng nào khác dưới đất), Thiếu Tá Hector Quintanilla, giám đốc *Blue Book*, thông báo những kết luận của họ: Cảnh sát (một trong số họ là một xạ thủ không quân trong Chiến Tranh Cao Ly) lúc đầu đã rượt đuổi một vệ tinh viễn thông, và sau đó là hành tinh *Venus*.

Kết luận nầy bị chế giễu khắp nơi, và đã bị các sỹ quan cảnh sát bác bỏ. Trong phần kết luận bất đồng của ông, Hynek mô tả những kết luận của *Blue Book* là vô lý: trong các báo cáo của họ, vì không hiểu, một số cảnh sát đã mô tả hững gì họ nhìn thấy như mô tả mặt trăng, *Venus*, và *UFO*, mặc dù họ mô tả Venus như một ngôi sao sáng (bright star) rất gần mặt trăng – Venus chỉ là một hành tinh chứ không phải một ngôi sao. William Stanton, một Dân Biểu của Ohio, nói rằng KLHK đã mất uy tín nghiêm trọng trong cộng đồng nầy... Công chúng thường an tâm tin vào an sinh công cộng và một khi họ không còn nghĩ mình có thể tìm hiểu sự thật thì, ngược lại, họ sẽ không còn tin tưởng chính phủ."

4.8 Raymond Sleeper và Allen Hynek

Vào tháng 9/1968, Hynek nhận được một bức thư của Đại Tá Raymond Sleeper thuộc đơn vị *Foreign Technology Division*. Sleeper ghi nhận rằng Hynek đã công khai tố cáo *Blue Book* là yếu kém về khoa học, và ông yêu cầu Hynek cho biết ý kiến làm thế nào *Blue Book* có thể cải thiện phương pháp khoa học của họ. Về sau Hynek phải tuyên bố rằng bức thư của Sleeper cho thấy, trong 20 năm phục vụ trong KLHK như một tham vấn khoa học, đây là lần đầu tiên ông được chính thức yêu cầu phê bình và cố vấn về đề tài *UFO*.

Ngày 7/10/1968, Hynek hồi âm với một trả lời chi tiết, liên quan đến một số lãnh vực mà *Blue Book* có thể cải thiện. Đại để ông viết:

A. *Blue Book* giả định có hai sứ mạng: (1) xác định *UFO* có phải là một mối đe dọa cho anh ninh quốc gia hay không, và (2) xử dụng dữ liệu khoa học mà *Blue Book* đã thu thập được. Cả hai sứ mạng nầy không được thi hành đầy đủ.

B. Về mặt túc số và huấn luyện khoa học, ban nhân viên của *Blue Book* hoàn toàn bất cập.

C. Vì *Blue Book* là một hệ thống đóng kín nên hầu như không có đối thoại nào với thế giới khoa học bên ngoài.

D. Những phương pháp thống kê mà *Blue Book* xử dụng hoàn toàn tầm thường.

E. Họ không chú ý đến những trường hợp đáng kể về *UFO*... và bỏ quá nhiều thời gian cho những trường hợp nhảm nhí... và cho những công việc giao tế công cộng phụ tùy. Có thể tập trung trên hai hoặc ba trường hợp đáng kể về mặt khoa học mỗi tháng thay vì trải mỏng ra 40-70 trường hợp.

F. Thông tin đưa vào *Blue Book* hoàn toàn bất cập. Hoàn cảnh nầy bắt nguồn từ sự kiện các sỹ quan *UFO* tại các căn cứ không quân thường xuyên không thể truyền tải thông tin đầy đủ.

G. Thái độ và phương án bên trong *Blue Book* thiếu luận lý và thiếu khoa học.

H. Không khai thác cố vấn khoa học (Hynek) đúng mức. Chỉ có những trường hợp mà giám đốc dự án cho là đáng kể mới được báo cho cố vấn. Phạm vi hoạt động của ông thường xuyên bị ngáng trở. Ông thường chỉ hay biết về những trường hợp đáng kể một hay hai tháng sau khi *Blue Book* nhận được báo cáo.

Mặc dù Sleeper yêu cầu ông phê bình, không một ý kiến nào của Hynek cho thấy một chỉ trích nào đáng kể đối với *Blue Book*.

Quan điểm của chính Quintanilla về dự án nầy được ghi lại trong bản thảo của ông mang tựa đề *UFOs, An Air Force Dilemma*. Trung Tá Quintanilla viết bản thảo nầy vào năm 1975, nhưng tài liệu nầy không được xuất bản cho đến sau khi ông qua đời. Trong sách đó, Quintanilla cho rằng, theo quan điểm cá nhân, <u>quả là kiêu ngạo nếu nghĩ rằng con người là sinh vật thông minh duy nhất trong vũ trụ</u>. Tuy nhiên, trong khi ông nhận thấy rất có thể có sự sống thông minh bên ngoài trái đất, ông lại không có bằng chứng nào về chuyện người hành tinh đến viếng trái đất.

5. Điều trần Quốc Hội

5.1 House Committee on Armed Services
Vào năm 1966, một loạt những vụ nhìn thấy *UFO* ở Massachusetts và New Hampshire đã đưa đến cuộc điều trần trước Ủy Ban Quân Sự Hạ Viện. Theo những phụ lục của cuộc điều trần, lúc đầu Không Quân nói rằng những vụ nhìn thấy là kết quả của một cuộc thao diễn trong khu vực. Nhưng Ủy Ban *National Investigations Committee on Aerial Phenomena (NICAP)* báo cáo rằng không có tài liệu nào cho thấy có một phi cơ nào bay vào thời điểm người ta nhìn thấy *UFO*. Một báo cáo khác cho rằng *UFO* được nhìn thấy thực ra là một thiết bị bay quảng cáo xăng dầu. Raymond Fowler (thuộc NICAP) tiến hành thêm những cuộc phỏng vấn với những người dân địa phương nào đã nhìn thấy các sỹ quan Không Quân tịch thu những tờ báo có đăng tin về những *UFO* và bảo họ không được thuật lại những gì họ đã thấy. Hai sỹ quan cảnh sát Eugene Bertrand và David Hunt – những người đã nhìn tận mắt nhìn thấy *UFO* – đã viết một lá thư cho Thiếu Tá Quintanilla, nói rằng họ cảm thấy danh tiếng của họ bị Không Quân làm thương tổn. Họ viết, "Không thể nào lầm lẫn những gì chúng tôi đã nhìn thấy với bất kỳ loại hoạt động quân sự nào, không cần biết trên phạm vi nào." Họ thêm rằng đó không thể là một khí cầu hay trực thăng được.

5.2 Ủy Ban Condon Committee
Những chỉ trích *Blue Book* tiếp tục gia tăng suốt giữa thập niên 1960. Thành viên của *NICAP* gia tăng lên khoảng 15,000, và nhóm nầy đã chỉ trích chính phủ Hoa Kỳ bưng bít về bằng chứng *UFO*.

Theo sau những vụ điều trần Quốc Hội, Ủy Ban *Condon Committee* được thành lập vào năm 1966, bề ngoài như một cơ quan nghiên cứu khoa học trung lập. Tuy nhiên, ủy ban nầy đã làm dấy lên những tranh cãi: một số thành viên chỉ trích giám đốc Edward U. Condon thiên vị; và một số người phê bình thường tra vấn tính chính đáng và khoa học của phúc trình Condon. Cuối cùng, Ủy Ban nầy cho rằng không có gì phi thường về *UFO* cả, và, trong khi họ để lại một số trường họp không được giải thích, phúc trình cũng cho rằng, nếu nghiên cứu thêm chăng nữa, thì cũng sẽ chẳng có kết quả gì đáng kể.

5.3 Kết liễu *Blue Book*

Đáp lại những kết luận của *Condon Committee*, Bộ Trưởng Không Quân Robert C. Seamans, Jr. thông báo *Blue Book* sẽ đóng cửa nay mai, vì không thể biện minh những tài trợ thêm nữa dựa trên phương diện an ninh quốc gia cũng như lợi ích khoa học. Một lần nữa ở đây, hoạt động cuối cùng của *Blue Book* được chính thức nhìn nhận là vào ngày 17/12/1969. Tuy nhiên, theo nhà nghiên cứu Brad Sparks, ngày cuối cùng của hoạt động *Blue Book* thực sự là ngày 30/1/1970. Theo Sparks, các viên chức Không Quân không muốn phản ứng của Không Quân về vấn đề *UFO* kéo dài sang một thập niên thứ tư, và, do đó, họ đã sửa đổi ngày tháng đóng cửa *Blue Book*.

Những hồ sơ của *Blue Book* được chuyển vào kho lưu trữ của KLHK tại Căn Cứ *Maxwell Air Force Base* ở Alabama. Thiếu Tá David Shea về sau tuyên bố rằng Maxwell được lựa chọn là vì căn cứ nầy có thể truy cập được nhưng không đến nỗi quá dễ dàng.

Chung quy, Dự Án *Blue Book* cho rằng những vụ nhìn thấy *UFO* thường gây ra như là một kết quả của:

- Một hình thức loạn trí tập thể (mass hysteria).
- Những cá nhân muốn ngụy tạo những báo cáo như thế để phao tin đồn nhảm hay để tự quảng cáo cho mình.
- Những người rối loạn thần kinh.
- Nhìn lầm những vật bay quy ước.

Kể từ tháng 4/2003, KLHK chính thức cho biết sẽ không có kế hoạch tức thời nào nhằm tái lập bất kỳ chương trình nghiên cứu nào của chính phủ về *UFO*.

6. Không Lực Hoa Kỳ và *UFO*

6.1 Lập trường hiện nay của KLHK về *UFO*

Dưới đây là tuyên bố chính thức của KLHK về *UFO*:
Từ năm 1947 đến 1969, KLHK đã điều tra về *UFO* dưới dự Án *Blue Book*. Dự Án nầy có trụ sở ở Căn Cứ *Wright-Patterson Air Force Base*, Ohio, và chấm dứt vào ngày 17/12/1969. Trong số 12,618 vụ nhìn thấy *UFO* được báo cáo cho Dự Án *Blue Book*, 701 vụ hãy còn chưa được xác định (unidentified).

Quyết định ngưng những cuộc điều tra *UFO* dựa trên (i) việc đánh giá về một phúc trình do Đại Học Colorado soạn thảo nhan đề *Scientific Study of Unidentified Flying Objects;* (ii) một bình luận của Tổ Chức *National Academy of Sciences* về bản phúc trình đó; (iii) những nghiên cứu trước đó về *UFO* và quá trình điều tra của KLHK về các báo cáo *UFO* từ năm 1940 đến 1969.

Theo kết quả của những cuộc điều tra đó và những nghiên cứu cũng như kinh nghiệm có được nhờ điều tra về các báo cáo *UFO* từ năm 1948, sau đây là những kết luận của Dự Án *Blue Book*:

1. Trong số những *UFO* được báo cáo, được KLHK điều tra, và đánh giá, không có trường hợp nào cho thấy mối đe dọa cho an ninh quốc gia của chúng ta.

2. Không một bằng chứng nào gởi đến KLHK hay do KLHK khám phá cho thấy những vụ nhìn thấy *UFO* thuộc dạng *unidentified* biểu thị những phát triển hay nguyên tắc kỹ thuật vượt quá phạm vi kiến thức khoa học hiện nay.

3. Không có bằng chứng nào cho thấy những vụ nhìn thấy *UFO* thuộc dạng *unidentified* là những đĩa bay ngoài hành tinh (extraterrestrial vehicles).

Sau khi Dự Án *Blue Book* đóng cửa, nghị định thiết lập và kiểm soát chương trình điều tra và phân tích *UFO* được thu hồi. Những tài liệu liên quan đến công tác điều tra của *Blue Book* được vĩnh viễn chuyển sang các Cơ Quan *Modern Military Branch, National Archives* và *Records Service,* và sẵn sàng để công chúng truy cập và phân tích.

Từ khi *Blue Book* đóng cửa, không có gì xảy ra để có thể hậu thuẫn cho việc KLHK tái tục điều tra *UFO*. Có một số đại học và tổ chức khoa học chuyên nghiệp đã xem xét hiện tượng *UFO* trong những hội nghị và hội thảo định kỳ. Danh sách của những tổ chức tư nhân quan tâm đến những hiện tượng không gian có thể được tìm thấy trong tài liệu *Encyclopaedia of Associations* do *Gale Research* xuất bản. Quan tâm và nhận định kịp thời của những nhóm tư nhân về các báo cáo *UFO* bảo đảm bằng chứng giá trị không bị cộng đồng khoa học xem thường. Những người muốn báo cáo các vụ nhìn thấy *UFO* được khuyến khích nên tiếp xúc với các cơ quan công lực địa phương.

6.2 Những hoạt động của KLHK hậu *Blue Book*

Một Giác Thư của KLHK (Air Force memorandum) - được phổ biến dựa theo Đạo Luật *Freedom of Information,* đề ngày 20/12/1969 và có chữ ký của Thiếu Tướng C.H. Bolander - cho rằng sau khi *Blue Book* giải tán, những "báo cáo" về *UFO* vẫn tiếp tục được xem xét theo thủ tục tiêu chuẩn của KLHK được thiết kế cho mục đích nầy. Ngoài ra, theo Bolander, những báo cáo về những *UFO* nào có thể ảnh hưởng đến an ninh quốc gia ... đều không thuộc phần hành của hệ thống *Blue Book*. Cho đến nay, những kênh điều tra khác đó, những cơ quan hay nhóm khác đó không ai biết là gì.

Hơn nữa, nhờ vào những đòi hỏi của Đạo Luật *Freedom of Information* người ta mới thấy được rằng KLHK đã tiếp tục liệt kê và theo dõi những vụ nhìn thấy *UFO*, đặc biệt hàng chục vụ xảy ra từ cuối thập niên 1960 đến giữa thập niên 1970 tại những căn cứ quân sự Hoa Kỳ có chứa vũ khí hạch nhân. <u>Lối hành văn của một số những tài liệu chính thức nầy hoàn toàn khác với lối hành văn khô khan và quan liêu trong các văn kiện chính phủ: chúng rõ ràng gợi lên cảm thức "sợ hãi (terror)" mà những biến cố nầy đã gây ra nơi nhiều viên chức của KLHK.</u>

6.3 Special Report No. 14

Vào cuối tháng 12/1951, Ruppelt họp với các thành viên của Viện *Battelle Memorial Institute,* một nhóm thảo thuyết (think tank) có cơ sở tại Columbus, Ohio. Ruppelt muốn những chuyên gia giúp họ tiến hành một cuộc nghiên cứu khoa học hơn. Chính viện nầy đã thiết kế biểu mẫu phúc trình tiêu chuẩn hóa. Bắt đầu vào cuối tháng 3/1952, viện nầy bắt đầu phân tích những báo cáo về *UFO* và mã hóa khoảng 30 đặc tính báo cáo trên các thẻ lỗ *IBM* để nghiên cứu trên máy vi tính.

Phúc Trình Đặc Biệt *Project Blue Book Special Report No. 14* là phân tích thống kê quy mô lớn về những trường hợp *Blue Book*. Ngay cả ngày nay, bản phúc trình đó tượng trưng cho công trình nghiên cứu lớn chưa từng thấy. Viện nầy xử dụng bốn phân tích gia khoa học, và họ tìm cách phân loại thành "*knowns*", "*unknowns*", và "*insufficient information.*" Họ cũng chẽ nhỏ những dạng "*knowns*" và "*unknowns*" thành bốn tiểu loại xét theo phẩm chất từ *excellent* đến *poor*. Ví dụ, những trường hợp được xem là *excellent* có thể đại để liên quan đến (i) những nhân chứng có kinh nghiệm như phi công hay quân nhân có huấn luyện, (ii) có nhiều nhân chứng cùng lúc, (iii) bằng chứng phối kiểm như qua *radar* hay hình chụp được... Để cho một trường hợp được xem là "*known,*" chỉ cần hai phân tích gia đồng thuận một cách độc lập trên một giải pháp. Tuy nhiên, một trường hợp muốn được xem là "*unknown*" phải có sự đồng thuận của cả bốn phân tích gia. Như thế tiêu chuẩn về "*unknown*" rất là khắt khe.

Chương I: Project Blue Book

Ngoài ra, những vụ nhìn thấy *UFO* được chia nhỏ thành sáu đặc tính khác nhau - c*olor, number, duration of observation, brightness, shape,* và *speed* – rồi sau đó những đặc tính nầy được đối chiếu với "*knowns*" và "*unknowns*" để xem chúng có một khác biệt nào đáng kể hay không về mặt thống kê. Sau đây là những kết quả phân tích thống kê căn bản:

- Khoảng 69% trường hợp được xem là *known* hay *identified* (38% được thống nhất xem là *identified* trong khi 31% chỉ được giải thích một cách mơ hồ); khoảng 9% được xếp loại *insufficient information*. Khoảng 22% được xem là *unknown* – giảm xuống từ 28% theo đánh giá của các nghiên cứu của KLHK.

- Trong dạng *known*, 86% là máy bay, khí cầu, hoặc có những giải thích thiên văn. Chỉ có 1.5% của tất cả các trường hợp được xem là những trường hợp tâm lý hay "ngông (crackpot)." Một dạng "linh tinh (*miscellaneous*)" bao gồm 8% của tất cả những trường hợp và những chuyện có thể xem là bịa đặt (hoax).

- Phẩm chất của trường hợp càng cao thì nó càng có cơ may được xem là *unknown*. 35% của những trường hợp *excellent* được xem là *unknown*, ngược với 18% dành cho những trường hợp *poorest*.

- Trong tất cả sáu đặc tính của các vụ nhìn thấy *UFO*, dạng *unknown* khác với dạng *known* ở một trình độ đáng kể về mặt thống kê quy mô: với tỉ số đo lường 5/6, cơ may của dạng *known* khác với *unknown* chỉ có 1% hay ít hơn. Khi tất cả sáu đặc tính được xem xét với nhau, xác suất trùng hợp giữa *known* và *unknown* không đến 1 phần tỉ.

Mặc dù thế, phần tóm lược trong phúc trình chung kết của Viện *Battelle Institute* tuyên bố, "rất khó có chuyện bất kỳ một phúc trình nào về những vật bay không xác định (unidentified area objects) có thể tượng trưng cho những quan sát về những phát triển kỹ thuật vượt tầm kiến thức hiện nay." Một số nhà nghiên cứu, kể cả Dr. Bruce Maccabee – kẻ đã duyệt xét kỹ càng các dữ liệu – ghi nhận rằng <u>những kết luận của các phân tích gia thường mâu thuẫn với những kết quả thống kê của chính họ</u>, những kết quả được trình bày trên 240 biểu đồ, bảng vẽ, đồ họa, và bản đồ. <u>Một số người giả đoán rằng rất có thể đó chỉ vì các phân tích gia khó lòng chấp nhận những kết quả của chính họ hay chỉ vì họ đã viết ra những kết luận để thỏa mãn bầu không khí chính trị mới bên trong *Blue Book* theo sau Hội Đồng *Robertson Panel*.</u>

6.4 Những chỉ trích

Khi KLHK cuối cùng công bố Phúc Trình *Special Report #14* vào tháng 10/1955, người ta cho rằng bản phúc trình đó chứng minh rằng *UFO* không có thực về mặt khoa học. Những người phê bình tuyên bố đó ghi nhận: bản phúc trình thực sự đã chứng minh rằng những trường hợp được xem là *unknowns* rõ ràng khác biệt với những diện *known* ở một trình độ đáng kể về mặt thống kê. KLHK cũng đã tuyên bố sai khi cho rằng chỉ có 3% trường hợp được nghiên cứu là những trường hợp *unknowns,* thay vì 22%. Họ còn tuyên bố rằng 3% tồn đọng đó có thể sẽ biến mất nếu có thêm dữ liệu. Các nhà phê bình phản bác lại rằng điều đó làm ngơ sự kiện các phân tích gia đã ném hết những trường hợp như thế vào diện *"insufficient information,"* ở đó, cả hai diện *known* à *unknown* đều được xem là không có đủ thông tin để xác định. Những trường hợp *unknown* cũng có xu hướng tượng trưng cho những trường hợp có phẩm chất cao (high quality cases), nghĩa là những báo cáo đã có thông tin và nhân chứng khá hơn.

Kết quả của công trình nghiên cứu *IBM* đồ sộ được bản phúc trình *GEPAN* năm 1979 của Pháp phụ họa và bản phúc trình nầy cho rằng khoảng một phần tư trong số 1,600 trường hợp *UFO* được nghiên cứu kỹ lưỡng thách thức mọi giải thích: những trường hợp nầy đặt ra một câu hỏi thực sự. Khi

SEPRA, một tổ chức kế nhiệm của *GEPAN*, đóng cửa vào năm 2004, có 5,800 trường hợp đã được phân tích, và tỉ lệ của những trường hợp *unknown* đã rơi xuống còn khoảng 14%. Dr. Jean-Jacques Velasco, Giám đốc của *SEPRA*, nhận thấy rằng bằng chứng về nguồn gốc ngoài hành tinh rất thuyết phục trong những trường hợp *unknown* còn lại nên ông đã viết một cuốn sách về vấn đề nầy vào năm 2005 có thể truy cập ở địa chỉ http://www.ufoevidence.org/documents/doc1627.htm.

6.5 Phê bình của Allen Hynek

Allen Hynek là một thành viên của Hội Đồng *Robertson Panel* với chủ trương bài bác vấn đề *UFO*. Tuy nhiên, vài năm sau đó, lập trường của Hynek về *UFO* đã thay đổi, và ông nghĩ rằng *UFO* biểu tượng cho một bí mật chưa được giải quyết và cần được khoa học thâm cứu. Với tư cách là khoa học gia duy nhất dính líu đến những công trình nghiên cứu *UFO* của chính phủ Hoa Kỳ từ đầu đến cuối, có thể ông đã đưa ra một đường lối duy nhất cho các dự án *Sign, Grudge,* và *Blue Book*.

Sau những gì ông mô tả như một khởi đầu đầy hứa hẹn với một tiềm năng nghiên cứu khoa học, Hynek càng ngày càng thất vọng với *Blue Book* trong nhiệm kỳ của ông với dự án nầy, lên tiếng tố cáo sự lãnh đạm, bất lực, và nghiên cứu sơ sài về phía nhân viên KLHK. Hynek ghi nhận rằng trong suốt thời kỳ hoạt động của *Blue Book*, dự án nầy bị các nhà phê bình đặt cho cái tên *The Society for the Explanation of the Uninvestigated* (Tổ chức nhằm giải thích những chuyện không được điều tra.)

Blue Book được điều khiển bởi Ruppelt, sau đó là Đại Úy Hardin, Đại Úy Gregory, Thiếu Tá Friend, và cuối cùng là Thiếu Tá Hector Quintanilla. Hynek chỉ nói tử tế về Ruppelt và Friend mà thôi. Ông viết về Ruppelt, "Khi tiếp xúc với ông, tôi nhận thấy ông là người lương thiện và thực sự khó nghĩ về toàn bộ hiện tượng." Riêng về Friend, ông viết, "trong số tất cả những sỹ quan mà tôi làm việc với họ trong

Blue Book, tôi kính trọng Thiếu Tá Friend. Bất luận quan điểm cá nhân của ông ra sao, ông là một người rất thực tế; khi ngồi tại một vị trí dễ kiểm soát mọi thứ, ông nhìn nhận những hạn chế của cơ quan của mình, nhưng ông vẫn hành xử một cách có tư cách và hoàn toàn không cường điệu như một số giám đốc của *Blue Book*."

Ông đặc biệt xem thường Quintanilla: "Phương pháp của Quintanilla quá đơn giản: làm ngơ trước bằng chứng mâu thuẫn với giả thuyết của ông." Hynek viết rằng trong nhiệm kỳ của Thiếu Tá Không Quân Quintanilla trong chức vụ giám đốc *Blue Book*, lá cờ của trường phái cực kỳ vô nghĩa bay cao nhất trên ngọn cờ." Hynek thuật lại rằng Thượng Sỹ David Moody, một trong những thuộc cấp của Quintanilla, rất suy tôn phương pháp *conviction-before-trial* (tin sao làm vậy không cần thử). Bất kỳ điều gì ông không hiểu hay không thích đều lập tức bị ném vào dạng tâm thần, nghĩa là ngông (crackpot).

Hynek đã thuật lại những trao đổi cay đắng với Moody khi ông nầy từ chối tìm hiểu chu đáo những vụ nhìn thấy *UFO*, và mô tả Moody như là tổ sư của "có thể" (master of the possible): *possible balloon, possible aircraft, possible birds;* và những cái "có thể" đó sau nầy trở thành " rất có thể " (probable).

7. Dự Án *Blue Book* trong Giả Tưởng

7.1 Project U.F.O.

Dự Án *Blue Book* là nguồn cảm hứng cho chương trình Truyền hình *Project U.F.O.* từ năm 1978-1979 (được biết đến như *Project Blue Book* trong một vài quốc gia). Chương trình nầy được giả định dựa vào những trường hợp của Dự Án *Blue Book*. Tuy nhiên, chương trình nầy thường đi ngược với những kết luận của dự án thực sự, nhiều khi cho rằng một số trường hợp đúng là có người hành tinh.

7.2 Twin Peaks

Dự Án *Blue Book* đóng một vai trò then chốt trong hồi hai của loạt phim *Twin Peaks* từ năm 1990-1991. Vai chính trong bộ phim nầy là Thiếu Tá Không Quân Garland Briggs, làm việc cho chương trình và tiếp cận nhân vật Dale Cooper và cho biết rằng tên của Cooper được tiết lộ trong một đợt phát sóng truyền thanh lý ra là nhảm nhí nhưng lại bị Không Quân nghe được. Không hiểu sao sóng âm đó lại bắt nguồn từ những cánh rừng chung quanh khu vực *Twin Peaks*. Theo diễn tiến của bộ phim, người ta phát hiện ra nguồn gốc của sóng âm là lãnh địa xuyên chiều (transdimensional realm) mệnh danh là *Black Lodge* gồm những cư dân sinh tồn nhờ những cảm tính và đau khổ của con người. Cuối cùng hóa ra Briggs làm việc với đối thủ của Cooper – Windom Earle, một nhân viên FBI thối nát – trong Dự Án *Blue Book*; và hai người nầy rõ ràng đã khám phá bằng chứng của *Black Lodge* trong khi làm việc.

8. Phiên bản *Unsealed: Alien Files*

8.1 Majestic 12 và Project Sign

Unsealed: Alien Files là một bộ phim truyền kỳ Mỹ được trình chiếu lần đầu vào năm 2011 ở Hoa Kỳ. Bộ phim nầy điều tra về những tài liệu liên quan đến các trường hợp nhìn thấy và đối tác với *UFO* được công khai với dân chúng vào năm 2011 dựa theo Đạo Luật *Freedom of Information Act*. Mỗi kỳ (episode) của bộ phim nầy xem xét những trường hợp *UFO* được nhìn thấy, những trường hợp bị người hành tinh bắt cóc, âm mưu bưng bít của chính phủ và tin tức *UFO* khắp thế giới. *Season 2, Episode 1* của bộ phim nầy có đề cập đến **PROJECT SIGN** với đại ý như sau.

Theo sau hai biến cố liên quan đến *UFO* ở Los Angeles năm 1942 và Roswell năm 1947, vào ngày 24/9/1947, Tổng Thống Harry Truman đã ký một *Executive Order* nhằm thành lập một tổ chức được xem là bí mật nhất trong lịch sử Hoa

Kỳ: **MAJESTIC 12** (còn gọi là **Operation 12**) với mục đích điều tra và kiểm soát thông tin về người hành tinh đồng thời đối phó với mối đe dọa của họ.

Cảm thức chung của mọi người bấy giờ là: bất luận *UFO* là gì, lạ lùng, đáng sợ, quái đản, hay là đề tài của phim giả tưởng chăng nữa, thì, bằng cách nầy hay cách khác, những người bên trong cũng biết rất rõ đó là gì - những người bên trong chính phủ Hoa Kỳ.

Sau khi những nỗ lực bưng bít không thành công đối với biến cố *UFO* bị rơi ở Roswell, đương nhiên KLHK nhận thấy cần phải thành lập một toán chuyên viên được tuyển lọc để theo dõi và kiểm soát những hiện tượng *UFO*, 24 trên 24 mỗi ngày. Người giả định được chọn để giám sát kế hoạch *MAJESTIC 12* chính là Bộ Trưởng Quốc Phòng James Forrestal. Forrestal là người đứng trong hậu trường; nhưng ai là người đáng tin cậy để trực tiếp điều hành kế hoạch đó? Người được Forrestal để ý chính là Vannevar Bush, cố vấn thứ nhất cho Tổng Thống Truman và là khuôn mặt then chốt phía sau Dự Án Manhattan Project, mã ngữ ám chỉ quả bom nguyên tử đầu tiên của Hoa Kỳ. <u>Ưu tiên hàng đầu của MAJESTIC 12 là hạn chế sự hay biết và tiếp cận của công chúng với *UFO*. Vì *MAJESTIC 12* được điều khiển từ Căn Cứ Không Quân Wright-Patterson, nên các chuyên viên tin rằng hoạt động chính thức đầu tiên của nó mang mã ngữ PROJECT SIGN</u>. Dự án nầy gởi các nhân viên đến hiện trường để làm lắng dịu mọi xôn xao do những vụ nhìn thấy *UFO* gần đây đồng thời bưng bít những hiện tượng *UFO* ở Mỹ.

8.2 Vấn đề năng lượng hạch nhân

Vào ngày 24/6/1947, phi công Kenneth Arnold nhìn thấy một loại đĩa bay theo một đội hình kỳ lạ với vận tốc nhanh khác thường gần Núi Mount Rainier, tiểu bang Washington. Một số nhân chứng đã cùng xác nhận biến cố nầy. Câu chuyện được đăng tải trên các báo Mỹ và Canada. Từ những câu chuyện đó, thuật ngữ "*flying saucers* (đĩa bay)" được nói đến

Chương I: Project Blue Book

trong công chúng. Chính những bài báo về Kenneth Arnold đã đến tai của *Majestic 12*. Làm thế nào một lượng thông tin nhỏ như thế lại lọt đến tai công chúng? Mặc dù báo chí bị bưng bít, một điều rất rõ ràng là vấn đề đang leo thang. Mặc dù việc phát triển vũ khí nguyên tử của Hoa Kỳ đang trong thời kỳ phôi thai, những chuyên gia về *UFO* sợ rằng biên giới thử nghiệm năng lượng mới của nhân loại có thể là một phần của vấn đề. Một số chuyên gia giả đoán việc thí nghiệm nguyên tử và quả bom thả xuống Hiroshima và Nagasaki đã gây sự chú ý của những thế giới khác ngoài trái đất. Điều rõ ràng đối với nhiều người trong cộng đồng khoa học là: nếu người hành tinh có thực, thì họ có thể đang xử dụng năng lượng hạt nhân tương tự để vận hành những tàu không gian của họ.

Một trong những người đứng phía sau những vụ thí nghiệm nguyên tử theo Dự Án *Project Manhattan* nói trên chính là Vannevar Bush, nhân vật hiện đứng đầu *MAJESTIC 12*. <u>Chính Vannevar Bush định đoạt mọi thông tin của Dự Án *Project Sign*. Từ đó trở đi, lập trường công khai của chính phủ Mỹ là: KHÔNG CÓ NGƯỜI HÀNH TINH</u>. Nhưng thông tin vẫn rò rỉ và những tường thuật lén lút của báo chí khiến *MAJESTIC 12* chia rẽ thành hai phe rõ rệt: một bên, những người nhận thấy công chúng phải được hay biết về *UFO*, và, bên kia, những người chủ trương, một lần nữa, công chúng không bao giờ được phép hay biết về bằng chứng có người hành tinh.

Vào năm 1949, *MAJESTIC 12* đứng giữa ngả rẽ. Những người bên trong phát tán một số hình thức tiết lộ công khai; và người giám sát tổ chức – James Forrestal – nhận thấy đến lúc phải nói với công chúng về sự hiện diện của *UFO*. Nhưng cũng có những nhân viên cương quyết ngăn chặn mọi tiết lộ. Những đối thủ của Forrestal sẽ đi đến đâu trong nỗ lực bưng bít sự thật của họ?

8.3 Cái chết của James Forrestal

Washington DC ngày 9/3/1949. Tổng Thống Truman yêu cầu James Forrestal từ chức Bộ Trưởng Quốc Phòng. Phải chăng đó là hậu quả của lập trường của Forrestal muốn giải mật sự hiện hữu của người hành tinh? Vì sức khỏe của ông suy thoái do căng thẳng, ông đã nhập viện tại *Bethesda Hospital*. Vào ngày 22/5/1949, James Forrestal được báo cáo đã chết vì rơi từ tầng lầu thứ 16. Nguyên chân chính thức của cái chết? Tự sát vì suy trầm và kiệt quệ thần kinh (suicide due to depression and nervous exhaustion). Nhưng với bằng chứng mới tìm được, người ta bắt đầu hoài nghi nhiều hơn về cái chết của Forrestal. Những mảnh kính vỡ được tìm thấy trên giường nằm của Forrestal cho thấy đã xảy ra xô xát. Người ta giả đoán thư tuyệt mạng được để lại được không phải chính tay ông viết. Cuộc điều tra của quân đội về vấn đề nầy được giữ kín như là tôi bí mật và cho đến nay vẫn chưa được giải mật.

8.4 Dwight D. Eisenhower và Majestic 12

Washington DC ngày 20/1/1953. Dwight D. Eisenhower kế nhiệm Tổng Thống Harry S. Truman. Eisenhower có một căn bản quân sự rất vững, và là tổng thống đầu tiên ý thức được những hoạt động của người hành tinh trước khi nhậm chức tổng thống. Vào năm 1952 (khi còn trong quân đội), Eisenhower có mặt trên chiếc tàu USS Roosevelt trong một cuộc diễn tập huấn luyện. Vào lúc 1:30 AM, một quả cầu sáng xuất hiện bên trên con tàu, đứng yên một chỗ ở độ cao khoảng 100 feet bên trên mặt nước. Eisenhower và một số người khác đứng nhìn đĩa bay nầy hơn 20 phút trước khi nó phóng nhanh vào trời đêm.

Khi nhậm chức tổng thống, Eisenhower đào sâu hơn vào những tin đồn về những hiện tượng không được giải thích. Ông đã bắt đầu ý thức được sự hiện hữu của *MAJESTIC 12* và đòi hỏi được biết đầy đủ về mối hiểm họa của người hành tinh. Nhưng *MAJESTIC 12* bác bỏ ý tưởng cho phép bất kỳ ai, kể cả tổng thống, đột nhập vào thâm cung bí sử của nó. Tổng Thống đáp trả bằng cách gởi đi một toán để thay mặt ông trực diện với *MAJESTIC 12*. Một nhân chứng giấu tên trong vụ nầy gần đây đã tham dự một buổi điều trần mang tên *The Citizen's Hearing* ở Washington DC về những hiện tượng *UFO* và chính phủ. Nhân chứng nầy cho biết:

Ông (Eisenhower) cố tìm hiểu một cái gì đó về những người hành tinh nầy mà MAJESTIC 12 được giả định đã biết nhưng không bao giờ chịu gởi phúc trình cho ông. Do đó, ông nói, "Được rồi, tôi muốn bay đến đó. Tôi muốn trao cho họ một thông điệp của riêng tôi." Và ông nói tiếp, "Tôi muốn nói với họ, 'bất luận giới hữu trách là ai, hãy bảo họ đến Washington và báo cáo với tôi. Và nếu họ không chịu thì tôi sẽ đưa Quân Đoàn First Army từ Colorado đến và chúng tôi sẽ chiếm căn cứ. Tôi không cần biết các ông đang giữ những thứ bí mật gì. Chúng tôi sẽ phá vỡ những thứ đó ra từng mảnh.'"

Theo nhân chứng, *MAJESTIC 12* đã nhượng bộ, và toán nầy được phép truy cập những thông tin nhạy cảm nhất của *MAJESTIC 12.*

"Họ có những phi cơ khác nhau trông giống các đĩa bay. Đĩa bay thứ nhất chính là đĩa bay đã rơi ở Roswell."

Nhưng điều khiến kinh ngạc nhất nằm ở những tầng sâu hơn của căn cứ.

Và viên đại tá nói, "Những gì các ông nhìn thấy ở đây ít ai nhìn thấy: một người hành tinh xanh (Gray alien)."

Khi trở lại Washington, toán người nầy phúc trình với tổng thống.

"Tổng thống hỏi chúng tôi về những gì đã xảy ra. Và chúng tôi nói về người hành tinh; và ông hết sức kinh ngạc. Lần đầu tiên ông tỏ ra lo ngại."

Tổng thống gởi cho *MAJESTIC 12* một thông điệp. Nhưng ngược lại, nhân viên truyền tin của chúng ta cũng nhận được một thông điệp.

"Hai người mặc lễ phục đen từ một chiếc Lincoln đen, bước đến tôi và họ nói với tôi tốt hơn tôi không nên phổ biến hay nói gì về mọi chuyện."

Nếu *MAJESTIC 12* có đủ quyền lực để bưng bít mọi chuyện đối với cả chính phủ đang điều khiển họ thì họ đang giữ những bí mật gì khác?

8.5 John F. Kennedy và Majestic 12

Mặc dù những chi tiết về cuộc tiếp xúc với người hành tinh không được tiết lộ với ông, John F. Kennedy, người kế nhiệm Eisenhower, đã có những kế hoạch không gian đầy tham vọng. Vào năm 1961, hai năm sau khi nhậm chức, Tổng Thống Kennedy tổ chức những cuộc thương thuyết với Thủ Tướng Nga Nikita Khrushchev. Họ đồng ý *NASA* và Cơ Quan Không Gian Nga sẽ hợp tác trong những sứ mạng lên mặt trăng và chia xẻ mọi thông tin mà họ có được về *UFO*. Nhưng *MAJESTIC 12* vẫn từ chối giải mật mọi hoạt động *UFO*. Vì ý thức được sự chống đối bên trong, vào ngày 12/11/1963, Tổng Thống Kennedy được nói đã đưa ra một lệnh cuối cùng buộc *MAJESTIC 12* phải công bố mọi thông tin về người hành tinh. Nhưng 10 ngày sau khi một thỏa thuận được ký kết với Nga, John F. Kennedy bị ám sát. Phải chăng *MAJESTIC 12* tham gia vào việc ám sát JFK để ngăn chặn ông truy cập thông tin về sự hiện hữu của người hành tinh? Thế giới không bao giờ biết. Liệu *MAJESTIC 12* hiện vẫn còn hoạt động? Nếu thế thì còn có một thế lực đen tối hơn đang kiểm soát những hoạt động của họ. Một số chuyên gia tin rằng người hành tinh có thể đã thâm nhập vào *MAJESTIC 12* nhằm dập tắt mọi sự hiểu biết về chủng loại của chính họ. Nhưng với mục đích gì? Nếu có một kế hoạch gian ác muốn chiếm đoạt hành tinh chúng ta, thì kế hoạch đó đang tiến hành từ trong ra. Nếu tài nguyên mà họ theo đuổi chính là sự sống trên hành tinh nầy thì rõ ràng họ sẽ tiêu diệt sự sống đó; và họ sẽ cố chiếm đoạt nó, kiểm soát nó, và điều khiển nó, muốn làm gì nó thì làm.

Ai đang thực sự kiểm soát quốc gia hùng mạnh nhất trái đất? Những tổng thống dân cử hay một tổ chức ma bên trong chính phủ? Nếu Hoa Kỳ và có lẽ thế giới đang nằm dưới sự kiểm soát của người hành tinh, thì chúng ta có thể làm gì được?

8.6 Tạm kết

Tóm lại, cho đến nay, *MAJESTIC 12* vẫn được xem là một tổ chức tối mật, một chính phủ bên trong một chính phủ, thách thức mọi thẩm quyền của chính phủ Hoa Kỳ - và thậm chí của toàn thể thế giới. Phải chăng người hành tinh đã len lỏi vào *MAJESTIC 12* để thao túng hành tinh của chúng ta theo mục tiêu của họ? Phải chăng Hệ Thống Siêu Quyền Lực Do Thái đã, đang, và sẽ, độc quyền nắm giữ mọi bí mật về *UFO* để dễ bề thống trị thế giới? Họ đang đồng lõa với người hành tinh để chống lại Hoa Kỳ và nhân loại? Họ đang hành động trong bóng tối, bưng bít mọi hoạt động của họ ngay cả với những thẩm quyền cao nhất nước Mỹ. Họ luôn đòi hỏi bí mật tuyệt đối với những gì đang xảy ra, kiểm soát mọi thông tin về *UFO*. Phải chăng tổ chức siêu quyền lực nầy đang là một mối đe dọa cho tương lai nhân loại?

Câu trả lời ở chính bạn sau khi đọc hết những chương còn lại của "*Đĩa Bay và Người Hành Tinh.*"

CHƯƠNG II

Hiệp Ước với Người Hành Tinh

Primary reference:
** Unsealed: Alien Files, American Television Series, Season 2, Episode 4. - Mary Carole McDonnell

"Một nỗ lực toàn cầu đã bắt đầu. Những hồ sơ bị bưng bít với công chúng từ nhiều thập niên, với nhiều chi tiết về đĩa bay, hiện đang được phơi bày cho mọi người. Chúng tôi sẽ phơi bày sự thật phía sau những tài liệu mật nầy. Hãy tìm hiểu xem những gì mà chính phủ Hoa Kỳ không muốn cho bạn biết. Unsealed: Alien Files sẽ phơi bày những bí mật lớn nhất trên Trái Đất."
- Mary Carole McDonnell

** *Unsealed: Alien Files* là một bộ phim truyền kỳ Mỹ được trình chiếu lần đầu vào năm 2011 ở Hoa Kỳ. Bộ phim nầy điều tra về những tài liệu liên quan đến các trường hợp nhìn thấy và đối tác với *UFO* được công khai với dân chúng vào năm 2011 dựa theo Đạo Luật *Freedom of Information Ac*t. Mỗi kỳ (episode) của bộ phim nầy xem xét những trường hợp *UFO* được nhìn thấy, những trường hợp bị người hành tinh bắt cóc, âm mưu bưng bít của chính phủ và tin tức *UFO* khắp thế giới.

1. Những vụ *UFO* rơi

1.1 Laredo, Texas

Vào ngày 7/7/1948, một quả cầu lửa (fireball) rơi gần Laredo, Texas, ngay phía nam biên giới Mexico. Hoa Kỳ gọi một vật bay rơi gần Laredo, Texas, là một máy bay thí nghiệm, nhưng các nhân chứng nói bên trong vật bay đó có một người hành tinh bị chết.

Chính phủ Hoa Kỳ thực sự biết gì về *UFO*? Và họ sẽ đi xa được đến đâu trong việc bưng bít sự thật? Ngay sau quả cầu lửa rơi xuống, quân đội Hoa Kỳ đã phát động một sứ mạng tuyệt mật đến Mexico để thu hồi nó. Họ nói với chính phủ Mexico đó là một máy bay thí nghiệm nhưng nhiều chuyên gia cho đó là một *UFO*.

Thực sự cái gì đã rơi trong sa mạc và được che đậy với công chúng? Biên giới Hoa Kỳ-Mexico trải dài gần 2,000 dặm, phần lớn băng qua một vùng sa mạc hoang vắng. Đó là biên giới dài nhất trên thế giới, được người ta vượt qua hơn 300 triệu lần mỗi năm. Vùng biên giới đó còn nổi tiếng với những vụ nhìn thấy đĩa bay *UFO*. Và về phía Hoa Kỳ, đặc biệt có một thành phố mang tên Laredo ở Texas. Vào năm 2013, Hiệp Hội *Laredo Paranormal Research Society* cho thấy một cao điểm gần đây trong những vụ nhìn thấy *UFO*. Những công nhân dầu khí đã phát hiện một loạt những đĩa bay lạ màu cam trong bầu trời.

Một trại chủ địa phương cũng chứng kiến những đĩa tương tự. Các cư dân đã chụp được những hình ảnh bằng những máy ghi *video* thu được nhờ ánh sang phát ra từ các đĩa bay đã lơ lửng bên trên nông trại của họ. Những vật bay sáng được mô tả như những phi đội *UFO* và được chứng kiến ngay giữa ban ngày.

Chương II: Hiệp Ước với người hành tinh

Nhưng cái gì ở phía sau những hình ảnh đó? Cái gì đưa những *UFO* đó đến vùng biên giới? Câu trả lời có thể nằm trong một biến cố đã xảy ra từ nhiều thập niên từng khởi động một trong những âm mưu bưng bít lớn nhất trong lịch sử Hoa Kỳ về phía chính phủ.

Đĩa bay được đề cập bên trên bay với tốc độ hơn 2,000 miles/giờ, băng trong bầu trời Texas trong khi hai phản lực cơ Hoa Kỳ cố đuổi theo như đuổi theo một cái gì trông giống một thiên thạch (meteor). *Radar* của Hoa Kỳ phát hiện một *UFO* đang bay với tố độ cao về phía một thành phố nhỏ.

1.2 Bộ Trưởng Quốc Phòng George Marshall

Nhưng *UFO* nầy bay tránh Laredo và rơi xuống mặt đất ngay phía nam biên giới. Một trong những chiến lược gia quân sự

Hoa Kỳ được gọi đến để điều tra. Bộ Trưởng Quốc Phòng George Marshall lập tức tiếp xúc với chính phủ Mexico với thẩm quyền của chính ông và ông được chính phủ nầy cho phép một lực lượng nhỏ băng qua biên giới để thu hồi cái mệnh danh là *"a special test vehicle"* đã bị rơi. Đó là chuyện chưa từng thấy khi một chính phủ cho phép một lực lượng quân sự của một chính phủ khác vượt biên giới để tiến hành một sứ mạng thu hồi. Thế nhưng chính phủ Mexico vẫn đồng ý.
Khi đến nơi đĩa bay rơi, toán đặc nhiệm tìm thấy một "máy bay" trông không giống bất kỳ những gì họ đã thấy trước đó: Một đĩa bay màu bạc có đường kính dài hơn 90 feet, như được làm bằng một thứ kim loại không uốn cong được.

Đó là cái gì? Và nó từ đâu đến?
Ngay 600 dặm về phía bắc là Căn Cứ *White Sands Proving Ground,* một trung tâm nghiên cứu tối mật của Không Quân Hoa Kỳ. Ba tháng trước khi xảy ra đĩa bay rơi ở Laredo, một toán khoa học gia tuyên bố đã chứng kiến một *UFO* hình đĩa thật lớn có những thao tác rất hiếu chiến và bay lượn bên trên trung tâm. Đĩa bay nầy biến mất và không có giải thích thực sự nào về hiện tượng nầy.

Chương II: Hiệp Ước với người hành tinh

Có đúng vật bay rơi ở Laredo là một máy bay thí nghiệm đến từ trung tâm *White Sands Proving Ground*? Hay đó là của người hành tinh? George Marshall không còn xa lại gì với những biến cố *UFO*. Ông đã từng đích thân giám sát công tác xử lý biến cố *UFO* lớn nhất trong lịch sử Hoa Kỳ: biến cố mang tên "*The Battle of Los Angeles*" xảy ra ban đêm vào tháng 2/1942. Bỗng nhiên, còi báo động vang lên khắp miền duyên hải phía nam California. Những tia sáng phòng không quét liên hồi lên trời. Họ đã nhìn thấy một vật bay lạ được bắt gặp trong những làn sáng quét đó, với những đóm sáng nổ tung tóe chung quanh nó.

Đó là cái gì mà các xạ thủ dưới đấy đang cố nhắm bắn? Một phi cơ ném bom của Nhật? Nếu thế thì vô lẽ những giàn súng phòng không của Hoa Kỳ không thể hạ được sao? Vật bay nầy được hàng ngàn người chứng kiến.

1.3 Thú nhận bí mật chính thức

George Marshall thông báo bác bỏ bất kỳ hoạt động *UFO* nào; nhưng, trong chỗ riêng tư, Marshall đã gởi đến Tổng Thống Franklin D. Roosevelt một giác thư với một tiết lộ hết sức kinh ngạc:

"*Liên quan đến vụ không biến...bên trên Los Angeles... tổng hành dinh ở đó đã quả quyết rằng vật bay mà quân đội bắn thực ra không phát xuất từ trái đất, và theo nguồn tính báo bí mật... rất có thể chúng xuất phát từ ngoài trái đất.*"

Trong khi đó, chính phủ tiếp tục giải thích với công chúng đó chỉ là một khí cầu, một khí cầu khí tượng bay lạc hướng. Giải thích đó hoàn toàn vô lý. Sau 60 năm, chúng ta vẫn chưa có một giải thích nào.

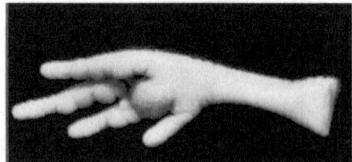

Marshall biết vụ đĩa bay rơi ở Laredo sẽ khó bưng bít hơn so với những chuyện xảy ra trong thời chiến.

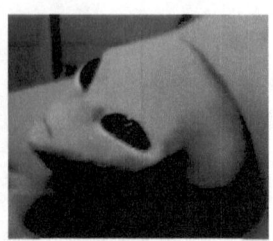

Trở lại vụ đĩa bay rơi ở Laredo. Toán thu hồi bắt đầu tháo rời vật bay bị rơi. Kim loại của vật bay có vẻ gần như không thể vỡ, ngay cả khi bị nung bằng đuốc hàn *acetylene*. Họ buộc phải xử dụng những mũi khoan và cưa bằng kim cương để cưa bức thân tàu. Những gì họ tìm thấy bên trong vật bay gây kinh ngạc khủng khiếp: Một thi thể bị cháy nặng của phi công người hành tinh.

Những người chứng kiến mô tả thi thể trông có vẻ là người hành tinh. Thi thể nầy cao 4.5 *feet*, hai tay chỉ cho thấy 4 ngón tay trông giống như 4 vuốt. Hình thù và kích thước của đầu không khác của người, nhưng hoàn toàn không phải đầu người.

George Marshall lập tức ngăn chặn không cho loan truyền tin tức về khám phá nầy. Đối với một số ít người được tuyển chọn có dính líu đến biến cố nầy, và đối với những người đã tận mắt chứng kiến, họ nhanh chóng bị bịt miệng. Họ được lệnh phải nói một câu chuyện hoàn toàn khác và phần còn lại bị ém nhẹm hoàn toàn. Đây là lần thứ ba Marshall được nói đã hành động để che đậy sự hiện diện của người hành tinh.

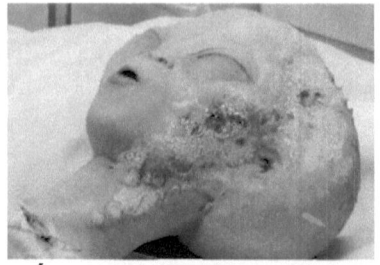

Một năm trước đó, ông đã đạo diễn việc thu hồi một trong số những tàu không gian gây nhiều tranh cãi nhất đã rơi xuống mặt đất.

Chương II: Hiệp Ước với người hành tinh

1.4 Roswell, New Mexico 7/7/1947

Một tàu không gian rất lạ rơi xuống một tỉnh nhỏ ở miền tây nam Hoa Kỳ. Giới quân sự của căn cứ Roswell vội vàng đến hiện trường, nhưng công chúng đã đến đó trước và chứng kiến sự việc. Con tàu bị rơi được thu hồi và những cái trông giống như những thi thể người hành tinh được đưa ra khỏi hiện trường.

George Marshall điều khiển tình hình. Mặc dù câu chuyện một *UFO* bị rơi đã loan truyền, ông vẫn đưa ra một phiên bản bưng bít. Một lần nữa tuyên bố chính thức của ông vẫn nói đó không gì khác hơn là một quả cầu khí tượng.

2. Tổ Chức MAJESTIC 12

2.1 Trung tâm White Sand Proving Ground

Kích thước và hình thù của sinh vật bên trong đĩa bay được thu hồi ở Laredo đại để tương tự như hình thù và kích thước của một con khỉ. Sau Đệ Nhị Thế Chiến, chương trình không gian non trẻ của Hoa Kỳ được biết đã xử dụng loài khỉ *rhesus* làm động vật thí nghiệm trong các tàu không gian thí nghiệm, thường đưa đến kết quả tử vong.

Đúng sáu ngày trước vụ đĩa bay rơi ở Laredo, trung tâm *White Sand Proving Ground* đã phóng một con khỉ trong hỏa tiễn *V-2*, con khỉ đầu tiên lên không gian. Nhưng con khỉ nầy không phải là con khỉ được tìm thấy tại Laredo. Con khỉ nầy đáp xuống mặt đất cùng ngày, sáu phút sau và cách đó 39 *miles*. Con khỉ đã chết ngột trong chuyến bay. NASA mạnh mẽ phủ nhận mọi liên quan giữa các báo cáo *UFO* và những thí nghiệm bằng khỉ trong không gian.

2.2 Người hành tin Grays

Ngoài ra, một người chụp hình bí mật (sẽ được nói rõ hơn ở phần dưới) cho rằng ông đã hiện diện trong cuộc giải phẫu tử thi người hành tinh bị cháy vào năm 1948; và kết quả giải phẫu xác nhận thi thể đó không phát xuất từ trái đất. Một năm trước đó, tức năm 1947, ít nhất có bốn thi thể sinh học ngoài hành tinh được thu hồi từ khu vực *UFO* rơi ở Roswell và cho thấy biên dạng sinh học y hệt như người hành tinh tìm thấy ở Laredo. Tất cả được biết đến như chủng loại *Grays*, một chủng loại, so với bất kỳ chủng loại nào khác, thường dính líu nhiều hơn trong các báo cáo về các vụ bắt cóc khủng khiếp.

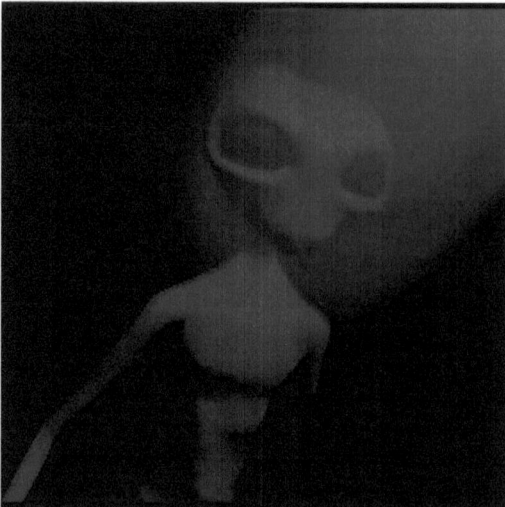

Tình trạng đang leo thang. Hai biến cố dính líu đến cùng chủng loại nầy đã xảy ra trong thời gain chưa đầy một năm. Phải chăng Hoa Kỳ đang trực diện với một cuộc xâm lăng của người hành tinh thuộc chủng loại *Grays*? Và nếu thế, chính phủ dự tính sẽ làm gì để đối phó?

Marshall được nói đã thành lập một lực lượng đặc nhiệm để điều tra tình hình sôi động về hoạt động của người hành tinh. Nhóm nầy mang tên *MAJESTIC 12* (như đã được đề cập trong một chương trước), một trong những nhóm tuyệt mật trong lịch sử Hoa Kỳ. *MAJESTIC 12* có nhiệm vụ kiểm soát mọi vụ rơi *UFO* tuyệt mật và thu hồi chúng. Vào thời đó, những động thái và nghiên cứu của họ là những bí mật tột đỉnh, thậm chí vượt cả quyền kiểm soát của tổng thống.

Vào giữa thập niên 1950, các chuyên gia tuyên bố họ đã đảo ngược quy trình thiết kế kỹ thuật người hành tinh được thu hồi từ những vụ *UFO* rơi nổi tiếng như ở Roswell và Laredo; nhưng nhiều chuyên gia về *UFO* tin rằng bí mật ghê gớm nhất của *MAJESTIC 12* là họ đã và đang giao tiếp với người hành tinh.

2.3 Dwight D. Eisenhower

Mười năm sau, Marshall thôi làm Bộ Trưởng Quốc Phòng. Dwight D. Eisenhower lên làm tổng thống. Và *MAJESTIC 12* đã liên lạc với người hành tinh *Grays*. Một cuộc họp được nói đã được tổ chức giữa người *Grays* và Tổng Thống Eisenhower nhằm thảo luận hòa bình giữa các thế giới. cuộc họp được giả định xảy vào năm 1957 tại Căn Cứ Không Quân *Holloman Air Force Base,* tại tiểu bang New Mexico, với người hành tinh thuộc chủng loại *Grays.* Tại cuộc họp đó, giả định có một dạng hiệp ước nào đó được ký kết, theo đó người Grays có thể bắt cóc một số người trái đất để thí nghiệm, nhưng họ phải được trả lại an toàn. Đổi lại người Grays sẽ chuyển giao cho Hoa Kỳ một số kỹ thuật.

Eisenhower giả định đã yêu cầu gì với những người hành tinh mà ông đã gặp? Và ngược lại họ đã yêu cầu điều gì? Những nhân chứng trong biến cố nầy cho rằng Eisenhower thực sự được những người hành tinh yêu cầu đến đó để thương thảo một cái gì đó, và có lẽ họ đã ký kết một hiệp ước nào đó. Một trong những hình ảnh cổ điển cho thấy những người hành tinh *Grays* có những cái đầu lớn và đôi mắt kéo dài hình quả hạnh nhân và miệng rất nhỏ như một khe mổ.

Câu chuyện nghe có vẻ quái đản, nhưng có ba nhân chứng trong biến cố nầy. Có thể thỏa thuận đó định đoạt số phận của nhân loại.

2.4 Thỏa thuận **GREADA TREATY**.

Các chuyên gia tin rằng thỏa thuận nầy cho phép Hoa Kỳ truy cập kỹ thuật tân tiến của người *Grays*, đổi lại, họ được quyền bắt cóc người trái đất để thí nghiệm với điều kiện là những người bị bắt cóc phải được trả lại an toàn.

Quả thực khó tưởng tượng được một tổng thống Hoa Kỳ lại dâng đồng bào của chính mình cho một chủng loại ngoài hành tinh.

2.5 Người chụp hình bí mật

Nhưng bằng chứng khả thể về người hành tinh lại xuất hiện một lần nữa vào năm 1978. Bằng chứng đó đến dưới hình

Chương II: Hiệp Ước với người hành tinh

thức một tấm hình bí mật xuất hiện tại văn phòng của nhà điều tra *UFO* làm việc cho Trung Tâm *Mutual Anomaly Research Center and Evaluation Network (MARCEN)*. Trong một bức thư người chụp hình bí mật đó tuyên bố rằng bức hình đó chụp thi thể của một người hành tinh được tìm thấy tại khu vực *UFO* rơi Laredo. Người nầy chung cấp những chi tiết của vụ *UFO* rơi vào năm 1948. Ông giải thích việc thu hồi chiếc đĩa bay, sự dính líu của Bộ Trưởng Quốc Phòng Marshall, và lý do tại sao ông phải rửa các bức hình ngay trong đêm đó bên cạnh những bảo vệ có mang súng tại Trung Tâm *White Sands Proving Ground*. Ông còn nói, bằng một cách nào đó, ông đã lén bán đi hơn 40 tấm phim nữa liên quan đến việc giải phẩu tử thi và thu hồi đĩa bay tại Laredo. Những tấm hình đó đã được Trung Tâm *MARCEN* gởi đến các chuyên gia phim ảnh để phân tích. Hình của khuôn mặt như người với một cái đầu lớn và thân người nhỏ được xem là thực. Do đó người ta đã đặt tên cho nó là "The Tomato Man." Bức hình được gởi đến Trung Tâm *MARCEN* có ghi một dòng cảnh cáo: cất giữ tấm hình có thể khiến một tổ chức tuyệt mật của chính phủ theo dõi. Phải chăng tổ chức ma nầy chính là *MAJESTIC 12*? Và phải chăng bất kỳ ai đe dọa sự bưng bít của chính phủ đều gặp nguy hiểm?

Trung Tâm *MARCEN* tiến hành cuộc điều tra của chính họ liên quan đến danh tách của người chụp hình, hy vọng sẽ thuyết phục người nầy giao cho 40 tấm hình kia về khu vực *UFO* rơi và cuộc giải phẩu tử thi. Cuộc điều tra chỉ mang lại một số tên, địa chỉ, và hộp thư giả mạo. Mọi phương án đều đưa đến đường cùng. Một thành viên của *MARCEN* phổ biến dòng nầy về người chụp hình bí mật:

"Chúng tôi biết chúng tôi đang quan hệ với một người được giả định là một quân nhân nhà nghề... rất sợ bị truy tố dưới hình thứ nào đó... vì tội vi phạm trong vụ nầy... người đang làm hết sức mình... để khỏi bị lộ diện."

Cho đến ngày nay người chụp hình vô danh ở Laredo vẫn không ai biết là ai. Nhưng hậu quả của thỏa thuận của Eisenhower với người hành tinh *Grays* ra sao? Có gì bảo đảm người hành tinh sẽ tuân thủ mọi điều khoản của thỏa thuận? Họ muốn có thể thí nghiệm trên con người ở Hoa Kỳ để đổi lại kỹ thuật. Đúng, dường như mọi chuyện đã vượt tầm kiểm soát và tầm tay; và họ đã bắt đầu bắt cóc hàng triệu người của chúng ta. Vào năm 2012, gần một triệu người Mỹ đã biến mất không để lại một dấu vết, trung bình 2,300 người mỗi ngày. Ở Mexico, con số đó vượt quá 25,000 người mỗi ngày, đa số không bao giờ xuất hiện trở lại.

3. Nghi vấn tồn đọng

Phải chăng những biến cố ở Roswell và Laredo là những sứ mạng gián điệp của người hành tinh *Grays*? Các chuyên gia tin rằng những nhà kho bí mật của Hoa Kỳ hiện chứa vô số những tử thi người hành tinh từ Roswell, Laredo, và những nơi khác. Phải chăng con số lớn lao của những vụ bắt cóc là một hình thức trả thù của người hành tinh? Một trăm người bị bắt cóc để đổi lấy mỗi người hành tinh của họ? Và nếu thế, nhân loại hiện nằm dưới quyền sinh sát của chúa tể của những người hành tinh?

CHƯƠNG III

Người Hành Tinh từ đâu đến

Primary reference:
** Unsealed: Alien Files, American Television Series, Season 3, Episode 1. - Mary Carole McDonnell

"Một nỗ lực toàn cầu đã bắt đầu. Những hồ sơ bị bưng bít với công chúng từ nhiều thập niên, với nhiều chi tiết về đĩa bay, hiện đang được phơi bày cho mọi người. Chúng tôi sẽ phơi bày sự thật phía sau những tài liệu mật nầy. Hãy tìm hiểu xem những gì mà chính phủ Hoa Kỳ không muốn cho bạn biết. Unsealed: Alien Files sẽ phơi bày những bí mật lớn nhất trên Trái Đất. "
- Mary Carole McDonnell

** *Unsealed: Alien Files* là một bộ phim truyền kỳ Mỹ được trình chiếu lần đầu vào năm 2011 ở Hoa Kỳ. Bộ phim nầy điều tra về những tài liệu liên quan đến các trường hợp nhìn thấy và đối tác với *UFO* được công khai với dân chúng vào năm 2011 dựa theo Đạo Luật *Freedom of Information Act*. Mỗi kỳ (episode) của bộ phim nầy xem xét những trường hợp *UFO* được nhìn thấy, những trường hợp bị người hành tinh bắt cóc, âm mưu bưng bít của chính phủ và tin tức *UFO* khắp thế giới.

1. Định nghĩa và nguồn gốc Đĩa Bay

Phải chăng đĩa bay (Unidentified Flying Objects - *UFO*) là những tàu không gian mang theo những người hành tinh từ những thế giới cách xa trái đất nhiều năm ánh sáng hay, ngược lại, chúng xuất phát từ chính trái đất chúng ta?

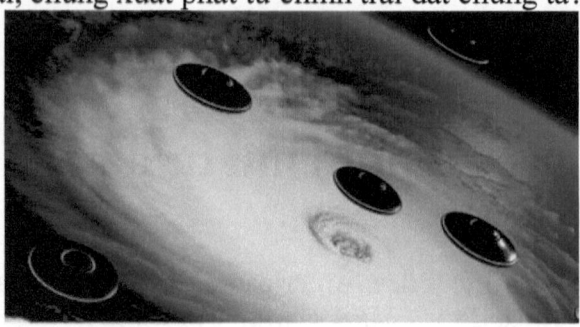

1.1 *UFO* là gì

Phải chăng *UFO* là những tàu không gian (space craft) hay những con tàu thuộc nhiều loại khác nhau xuất phát từ một nơi ngoài sức tưởng tượng của con người - từ những hành tinh huyền bí tại biên thùy của Thái Dương Hệ đến những cuộc hành trình hùng tráng bên kia biên giới của thời gian và không gian?

Phải chăng họ đã vượt những không gian bao la đến trái đất và họ đến vì mục tiêu hòa bình hay để chinh phục?

Nhiều người đã trực diện với người hành tinh trong một vụ bắt cóc hay trong một lần nhìn thấy *UFO*. Họ nhận thấy, bất luận chủng loại người hành tinh là gì, tất cả họ đều có bản chất bạo động.

1.2 English Channel, Anh Quốc 23/4/2007

Một phi cơ hành khách nhỏ đang bay từ thanh phố duyên hải Southampton đến đảo Alderney. Phi công Ray Boyer kinh ngạc khi nhìn thấy một con tàu khổng lồ bay lơ lửng đàng xa và phát ra một thứ ánh sáng chói chang.

Chương III: Người hành tinh từ đâu đến

Khi bay đến gần hơn, Boyer càng kinh ngạc hơn khi thấy một đĩa bay tương tự thứ nhì xuất hiện phía sau *UFO* thứ nhất.

Ông nghĩ chắc chắn những vật bay nầy không có nguồn gốc từ trái đất. Hành khách trên chiếc phi cơ nầy cũng nhìn thấy hai *UFO* nói trên. Sau 15 phút nghẹt thở, chiếc phi cơ hành khách đáp xuống nơi đến và những *UFO* biến mất sau những đám mây dày đặc. Boyer liền báo cáo sự việc cho Cơ Quan *British Civil Aviation Authority*. Về sau ông biết được rằng những *UFO* cũng được một phi cơ thứ hai và hai nhân chứng dưới đất nhìn thấy. Không có một kết luận nào được đưa ra sau khi xem xét những dữ liệu *radar* trong khu vực liên quan. Việc những *UFO* đó đến từ đâu và bay đi đâu hãy còn là một bí ẩn. Làm thế nào hai *UFO* khổng lồ như thế có thể xâm nhập một vùng không gian bận rộn nhất thế giới mà không cảnh báo và sau đó biến mất không để lại một vết tích nào?

2. Vũ Trụ

2.1 Proxima Centauri

Vũ trụ bao gồm hơn 100 tỉ thiên hà xa xăm. Chúng ta sống trong Dải Ngân Hà (Milky Way Galaxy), tự nó đã chứa đến 400 tỉ tinh tú. Tinh tú gần nhất với Thái Dương Hệ của chúng ta mang tên *Proxima Centauri,* và cách xa trái đất 4.2 năm ánh sáng, nghĩa là, dù đi theo vận tốc ánh sáng đi nữa, thì phải mất hơn bốn năm mới bay từ đó đến trái đất của chúng ta. Phải chăng những tàu không gian đang vượt qua vô số những biên thùy không gian liên tinh tú (interstellar space) chỉ để thám hiểm trái đất, hay thực ra chúng xuất phát từ một nơi gần hơn thế rất nhiều?

2.2 Vành Đai *Kuiper Belt*

Từ nhiều thập niên nay, *NASA* đã chụp được những hình ảnh của những vật quái lạ, khó giải thích đang lơ lửng trong không gian. Và từ hơn 20 năm nay, hai tàu không gian *Voyager* đã khám phá một biên thùy không gian mới và gởi về trái đất những hình ảnh cũng như dữ liệu về Thái Dương Hệ của chúng ta.

Voyager 1 được phóng đi vào năm 1977 và đã du hành hơn 12 tỉ *miles,* vượt qua ranh giới của các hành tinh và bay quanh Vành Đai *Kuiper Belt,* một vành đai gồm hơn 100,000 tiểu hành tinh (planetoids) và những thiên thể nhỏ - bất kỳ thiên thể nào như thế cũng có thể là địa bàn để đặt căn cứ cho các *UFO*.

2.3 Planet X

Bên kia *Kuiper Belt* là Vân Thể *Oort Cloud* bao gồm hàng ngàn tỉ (trillions) thiên thể giá băng (icy bodies), và những thiên thể nầy đôi khi rơi vào mặt trời như những sao chổi.

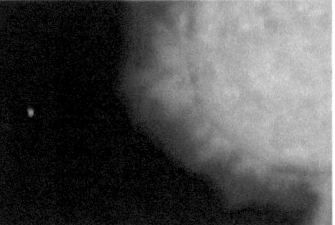

Nhưng thế giới bí ẩn đó là gì? Những tin đồn về một hành tinh ma (phantom planet) nằm ở vành ngoài của Thái Dương Hệ của chúng ta đã có từ năm 1846, và đồng thời với sự khám phá ra hành tinh *Neptune*. Về sau các nhà thiên văn đã phát hiện những lệch hướng nhỏ trong quỹ đạo của nó và của hành tinh *Uranus* - khiến người ta tin có sự hiện diện của một thế giới khác tại một nơi nào đó trong vùng tối bên ngoài đang kéo chúng bằng trọng lực của nó. Thế giới khác đó được biết dưới tên *Planet X*.

2.4 Tiểu Hành tinh Pluto

Vào năm 1930, người ta khám phá hành tinh *Pluto*, và trong nhiều thập niên nhiều người tin rằng sự bí ẩn của *Planet X* cuối cùng đã được giải quyết. Nhưng vào năm 1978, các khoa học gia quả quyết *Pluto* quá nhỏ không thể tác động lên quỹ đạo của *Uranus* và *Neptune*.

Vào năm 2009, Hiệp Hội *International Astronomical Union* đã giáng cấp Pluto xuống thành một *dwarf planet* (tiểu hành tinh), và do đó, công tác nghiên cứu *Planet X* được tiếp tục. Có thể nào *Planet X* huyền bí nầy chính là thiên thể khổng lồ nằm tại ngoại biên của không gian đã được con người thám hiểm hay không? Và phải chăng đó là một giàn phóng những *UFO* mà chúng ta nhìn thấy ở đây trên trái đất? Hay chúng ta phải theo *Voyager* 1 vừa mới biến mất khỏi Thái Dương Hệ, và đang nhìn thậm chí sâu hơn vào cõi bao la của không gian liên tinh tú?

3. Một trường hợp điển hình

Hàng triệu người trên thế giới đã báo cáo những vụ trực diện với *UFO*. Nhưng nếu người hành tin có thực thì họ từ đâu đến?

3.1 Betty and Barney Hill

New Hampshire 19/9/1961. Trong khi Betty and Barney Hill lái xe qua miền quê New England thì họ bị một vật bí ẩn bay đuổi theo xe họ. Những gì sắp xảy ra sẽ làm thay đổi lịch sử. Một chùm sáng chiếu xuống đường cho thấy những hình trông giống những sinh vật nhỏ đang đứng gần.

Sau đó không hiểu sao vợ chồng Hills bỗng nhận thấy xe của họ đã về đậu lại trên lối xe ra vào ở nhà; và họ không thể giải thích khoản thời gian gián đoạn (missing time). Nhưng những chi tiết những gì đã xảy ra bên trong con tàu *UFO* chỉ được phơi bày sau nầy qua thuật thôi miên (hypnosis). Khi người ta tìm kiếm những ký ức tiềm thức của họ, cặp vợ chồng nầy cung cấp một mô tả chi tiết về những người bắt cóc - một chủng loại mà thế giới đã biết được như là người hành tinh *Grays*. Chủng loại *Grays* thực ra là mô tả thông thường nhất về những người hành tinh mà chúng ta thấy, không những có trong truyền khẩu dân gian, mà còn nơi những người bị bắt cóc đã kinh qua những vụ tiếp xúc nầy với người hành tinh. Người hành tinh *Grays* cao khoảng 3 đến 4 *feet*, đầu to và tròn như một bóng đèn, mắt đen hình quả hạnh nhân, da xám, thân hình rất gầy.

Chương III: Người hành tinh từ đâu đến

Cặp vợ chồng nầy nói rằng họ đã chịu đựng những thí nghiệm kinh khủng, nhưng Betty Hill, người vợ, còn nhớ một cái gì khác hơn thế nữa. Bà nhớ được một người hành tinh cho thấy một bản đồ tinh tú (star map) nhằm cố giải thích họ từ đâu đến.

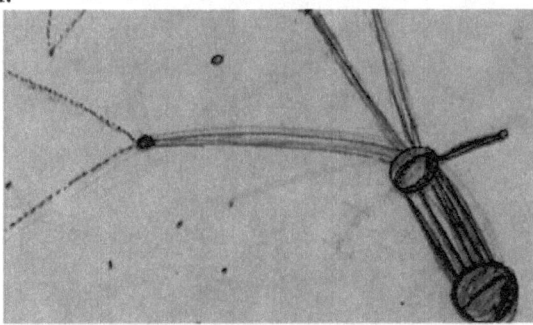

3.2 *Zeta Reticuli,* nguồn gốc người hành tinh?

Nhiều năm sau, một nhà thiên văn nghiệp dựa theo bản đồ mà Hill mô tả để cố nối kết một loạt những điểm có vẻ tùy tiện (random) với những tinh tú quen thuộc trong bầu trời ban đêm. Kết quả hết sức ngạc nhiên. Bản đồ đó vạch lại hướng trình của người hành tinh về điểm xuất phát của nó - *Zeta Reticuli*, một hệ tinh tú kép (double star system) cách xa trái đất 39 năm ánh sáng.

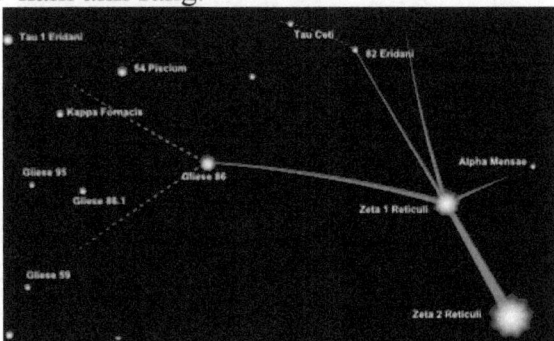

Thông tin nầy được phổ biến trong tập san *Astronomy Magazine* và khởi động một bàn cãi sôi nổi giữa các chuyên gia. Phải chăng *Zeta Reticuli* là quê hương của giống người hành tinh Grays? Và nếu thế thì cuộc hành trình phải mất bao lâu, và lần đầu tiên họ đến đây vào lúc nào? Gần đây các nhà nghiên cứu tại Đại Học *University of Edinburgh* đã thiết lập một mô hình vi tính nhằm quả quyết rằng một phi đội tàu liên tinh tú (fleet of interstellar craft) - với vận tốc chỉ bằng một phần mười vận tốc ánh sáng - có thể thám hiểm toàn bộ Dải Ngân Hà trong một thời gian ngắn hơn tuổi trái đất. Phải chăng một nền văn minh ngoài hành tinh lâu đời hơn nền văn minh của chúng ta hàng tỉ năm đã khởi hành đến trái đất hàng tỉ năm trước?

3.3 Biến cố Dulce Incident

Dulce, New Mexico, tháng 8/1979.

Phil Schneider là một kỹ sư quân đội làm việc với một đơn vị công binh có nhiệm vụ xây dựng một loạt đường hầm ở phía tây nam Archuleta Mesa. Mesa từ lâu được người ta đồn có chứa một căn cứ quân sự bí mật mang tên *Dulce Base* bên trong những bức tường gồ ghề. Ngày từ buổi đầu dự án nầy chạm phải một loạt những ụ cứng khiến máy khoan bị gãy liên tục trong những điều kiện lý ra là bình thường.

Chương III: Người hành tinh từ đâu đến

Schneider bắt đầu lo ngại khi một đơn vị lớn gồm những lực lượng *Green Berets* (Thủy Quân Lục Chiến) đặc biệt có trang bị vũ khí nặng được lệnh giám sát công trình đào hầm nầy. Một biến cố ghê gớm sắp xảy ra. Schneider tự trang bị với một khẩu súng nhỏ 9 ly. Đơn vị công binh cuối cùng đào sâu được vào lòng đất. Schneider được gởi đi điều tra cùng với một binh sỹ thủy Quân Lục Chiến. Anh thuật lại: "*Tôi được thả xuống theo một trong những lỗ đã đào nầy.*"

Khi xuống đến đáy, anh kinh ngạc khi thấy một người hành tinh cao khoảng 7 *feet* và bên kia là một đám người hành tinh khác nữa đang hoạt động trong một căn cứ dưới mặt đất.

3.4 Đụng độ

"*Tôi bắn chết hai người trong số họ, đúng thế, họ chẳng phải bất tử, và họ cũng chết. Tuy nhiên điều kể tiếp mà tôi biết, tia sáng xanh kia đã bắn trúng tôi và cắt tôi như một con cá.*"

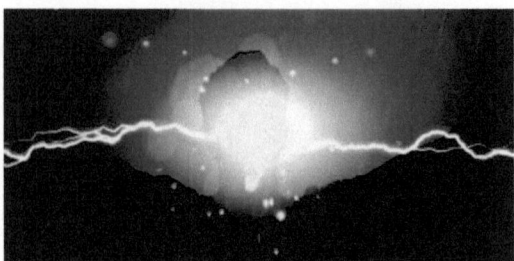

Tia sáng như sấm sét đó làm đứt hai trong số những ngón tay của Schneider và gây ra những vết phỏng nặng.

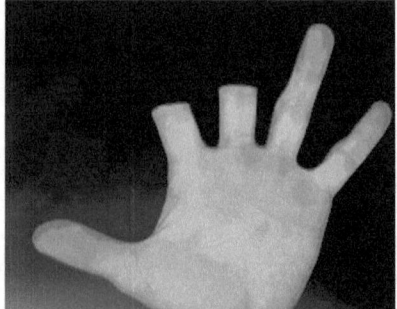

Một binh sỹ đã kéo anh đến chỗ an toàn. Trận đánh diễn ra theo sau đó, được nói đã làm thiệt mạng hơn 60 binh sỹ Mỹ.

3.5 Những nghi vấn

Những gì Schneider biết được trong những ngày tiếp theo sau đó còn đáng kinh ngạc hơn nữa. <u>Chính phủ đã biết tất cả chuyện đó. Khó ai có thể tưởng tượng những người hành tinh đã trú đóng ở đó từ 400 đến 500 năm trước đây.</u> Rất có thể những chủng loại người hành tinh đã ẩn náu trong những dải núi của chúng ta hay thậm chí ngay trong trung tâm trái đất từ nhiều thế kỷ nay?

Chương III: Người hành tinh từ đâu đến

Phải chăng các *UFO* đã thực sự du hành qua những không gian bao la? Hay biết đâu những người hành tinh nầy đã khám phá được một hình thức lối tắc liên thiên hà (intergalactic shortcut) nào đó?

3.6 Mặt trời: một trạm năng lượng không gian?
Những hình ảnh gần đây của *NASA* cho thấy những thiên thể quái lạ có thể được xem như là những *UFO* khổng lồ lớn bằng những hành tinh và lao thẳng vào mặt trời và sau đó xuất hiện trở lại phía bên kia mặt trời trước khi đi vào lại không gian.

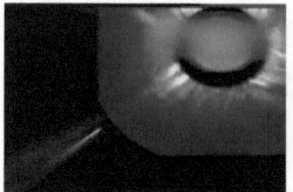 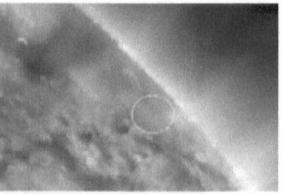

Các chuyên gia tin rằng người hành tinh đang xử dụng mặt trời như một trạm năng lượng cho các *UFO* của họ. Trong trung tâm mặt trời, áp suất cực cao buộc những nguyên tử *hydrogen* chảy ra với nhau để tạo thành phản ứng tổng hợp hạt nhân (nuclear fusion). Một trong những phó sản của phản ứng tổng hợp hạt nhân là chất *helium 3*. Những *UFO* lao vào mặt trời để lấy *helium 3* hay họ tìm kiếm một cai gì khác? Những hình ảnh khác mà Tàu Không Gian *Soho Solar Observatory* của *NASA* chụp được cho thấy một lỗ lớn trên mặt của mặt trời; và một số người tin rằng lỗ lớn nầy có thể là nơi biến mất của những *UFO* lao vào mặt trời đó. Họ tin chắc lỗ lớn đó, thực ra, là một cổng liên tinh tú (interstellar portal) chấm dứt tại một cổng tương tự trong một tinh tú ở một nơi nào khác của thiên hà.

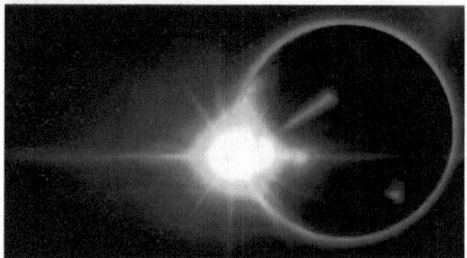

Nhờ những cổng tinh tú nầy, các *UFO* có thể du hành những khoảng không gian liên tinh tú bao la trong nháy mắt.

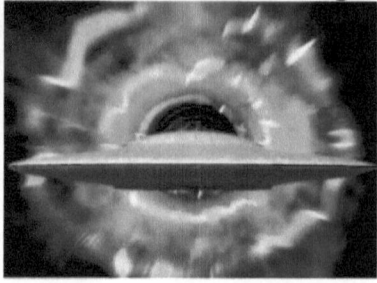

Và với khoảng 400 tỉ tinh tú trong Dải Ngân Hà không thôi, con số những nơi đến gần như vô hạn. Nhưng liên tục băng qua những lỗ giun liên thiên hà (intergalactic wormholes) có thể không phải là cách du hành duy nhất của người hành tinh.

4. Biến cố Rendlesham Forest Incident

4.1 UFO và những chữ viết cổ Ai Cập

Ipswich, England, 26/12/1980.

Theo lời Nick Pope, Cựu Bộ Trưởng Quốc Phòng Anh, những binh sỹ không quân Hoa Kỳ đồn trú tại hai căn cứ *RAF Bentwaters* và *RAF Woodridge* nhìn thấy những tia sáng lạ phát ra từ khu rừng Rendlesham gần đó.

John Burroughs và Jim Penniston, cùng với những quân nhân khác tìm cách xin phép đến khu rừng để điều tra những gì mà ban đầu họ tưởng là một máy bay rơi. Khi đi gần đến hiện trường, hai người nầy nhìn thấy trong một vạt trống một *UFO* đáp xuống chứ không phải là một máy bay rơi.

Toán an ninh tiến đến đủ gần để ghi chép những dấu hiệu kỳ lạ trên thân tàu trông giống như những chữ viết tượng hình (Hieroglyphics) cổ Ai Cập.

4.2 The Missing Time

Hai người lập tức quay trở lại căn cứ để báo cáo những gì họ thấy. Nhưng khi một toán tuần tra được phái đến, họ không nhìn thấy cái gì khác hơn là ba dấu trũng trên mặt đất, nơi mà *UFO* trước đó đã đáp xuống, có thể do bộ phận đáp của *UFO* nầy để lại. Một máy đo phóng xạ phát hiện những trình độ bức xạ rất cao trong những vùng trũng đó. Bộ Quốc Phòng Anh phát động một cuộc điều tra ráo riết. Những cuộc phỏng vấn với Burroughs và Penniston cho thấy một điều hết sức ngạc nhiên. Mặc dù họ chỉ có mặt với *UFO* đó vài lúc thôi, những đồng hồ của họ lại cho thấy họ đã ở đó đến 45 phút. Đó là một hiện tượng mà các chuyên gia *UFO* gọi là *missing time* (thời gian gián đoạn).

Nhiều người bị người hành tinh bắt cóc thuật lại thời gian gián đoạn như thế, trong đó sự việc thường không kéo dài như trong đời thực, mà ngắn từ ba đến bốn lần hơn. Đó là một nét rất thông thường. Nhiều chuyên gia tin rằng thời gian gián đoạn đó là một phó sản (by-product) của phương tiện du hành của các *UFO*. Thay vì lênh đênh qua không gian, chúng du hành qua chính thời gian.

4.3 Chiều thứ tư và liên trình không thời gian

Chúng ta biết có ba chiều như mọi người thường đề cập, di chuyển trong đó, và đối tác với chúng; nhưng chiều thứ tư chính là thời gian. Liên trình không thời gian (space-time continuum) chính là sự trùng lắp của không gian và thời gian trong một lý thuyết liên trình khoa học (continuous scientific theory). Điều đó có nghĩa là không gian và thời gian hoàn toàn không tách biệt nhau. Có thể nào, khi tiếp cận *UFO*, hai người nói trên đã bước vào một liên trình không thời gian do *UFO* đó tạo ra trong cuộc hành trình của nó đến trái đất?

4.4 Time Portal

Pampas Lluscuma, Chile tháng 4/1977.
Một biến cố nổi tiếng ở Chile cho thấy bằng chứng hiển nhiên hơn về hệ quả của thời gian gián đoạn. Một đơn vị biên phòng trú đêm tại một chuồng ngựa. Vào 4 giờ sáng, họ kinh ngạc khi thấy một vùng sáng đáp xuống từ trời cách đó không xa. Trong khi họ chuẩn bị điều tra, một *UFO* thứ nhì hiện ra gần đó. Hạ sỹ Armando Garrido tiến đến *UFO* thứ nhì, bỗng biến mất vào vùng sáng của nó. Toán tuần tra ráo riết tìm kiếm đồng đội mất tích của họ. 15 phút sau, họ nghe thấy một tiếng "thịch" thật lớn, và sửng sốt thấy viên hạ sỹ nói trên nằm cách đó không xa.

Ông còn sống, nhưng đã thay đổi vĩnh viễn. Garrido kinh ngạc khi đồng hồ định số của ông cho thấy một ngày tháng đi trước 5 ngày so với ngày tháng hiện tại, và râu trên mặt của ông cũng nhiều hơn giống như đã mọc cả một tuần. Làm thế nào 5 ngày trôi qua trong khi thực ra chỉ mới 15 phút theo đồng hồ của những đồng đội của ông? Phải chăng Hạ sỹ Corporal Garrido bị những người hành tinh bắt cóc và di chuyển qua một cổng thời gian (time portal) tương tự như cổng thời gian mà những binh lính ở rừng Rendlesham đã kinh qua? Phải chăng du hành thời gian có thể giải thích làm thế nào những *UFO* khổng lồ xuất hiện từ khống khứ và biến mất mà không để lại một dấu vết?

5. Nghi vấn tồn đọng

5.1 Bên trên những biên thùy có vẻ là vô hạn

Bất chấp nhiều thập niên điều tra, các chuyên gia *UFO* vẫn không làm sao hiểu nổi những người hành tinh từ đâu đến và tại sao họ ở đây. Một số chuyên gia tin rằng những người hành tinh đó xuất phát từ một hành tin chưa được xác định ở những biên thùy xa xăm của Thái Dương Hệ của chúng ta. Những người khác tin rằng họ đã du hành những không gian bao la xuyên qua không gian liên tinh tú hay qua những cổng liên chiều (multidimensional portals); nhưng còn có một khả thể đáng lo ngại - khả thể siêu vượt tất cả những biên thùy có vẻ là vô hạn nầy.

5.2 Con người 100,000 năm tới đây

Một nghiên cứu gần đây tại Đại Học Washington University đã xử dụng một lập trình điện toán để tiên đoán con người sẽ trông ra sao sau 100,000 năm tiến hóa tới đây. Lập trình nầy tiên đoán rằng nhân loại sẽ có những con mắt to, và trán rất rộng - một tương tự huyền bí với chủng loại hành tinh *Grays* theo mô tả của Betty Hill và hàng ngàn người khác.

5.3 Con người về lại từ tương lai

Những ai quan tâm đến việc giữ cho con người khỏi tiêu diệt lẫn nhau? Câu trả lời rất đơn giản: Đó là con người, nhưng là con người từ tương lai. Có thể nào người hành tinh, thực ra, là những con người từ tương lai xa xăm đã du hành ngược dòng thời gian để về lại với chúng ta? Và nếu thế, phải chăng chủng loại *Grays* chỉ là một chi nhánh khác trong gia phả của loài người?

CHƯƠNG IV

Người Hành Tinh bắt cóc

Primary reference:
** Unsealed: Alien Files, American Television Series, Season 3, Episode 2. - Mary Carole McDonnell

"Một nỗ lực toàn cầu đã bắt đầu. Những hồ sơ bị bưng bít với công chúng từ nhiều thập niên, với nhiều chi tiết về đĩa bay, hiện đang được phơi bày cho mọi người. Chúng tôi sẽ phơi bày sự thật phía sau những tài liệu mật nầy. Hãy tìm hiểu xem những gì mà chính phủ Hoa Kỳ không muốn cho bạn biết. Unsealed: Alien Files sẽ phơi bày những bí mật lớn nhất trên Trái Đất."
- Mary Carole McDonnell

** *Unsealed: Alien Files* là một bộ phim truyền kỳ Mỹ được trình chiếu lần đầu vào năm 2011 ở Hoa Kỳ. Bộ phim nầy điều tra về những tài liệu liên quan đến các trường hợp nhìn thấy và đối tác với *UFO* được công khai với dân chúng vào năm 2011 dựa theo Đạo Luật *Freedom of Information Act*. Mỗi kỳ (episode) của bộ phim nầy xem xét những trường hợp *UFO* được nhìn thấy, những trường hợp bị người hành tinh bắt cóc, âm mưu bưng bít của chính phủ và tin tức *UFO* khắp thế giới.

1. Bắt cóc

1.1 Số lượng và nội dung bắt cóc

Hàng triệu người trên thế giới thuật lại đã bị người hành tinh bắt cóc để làm vật thí nghiệm; một số trong những nạn nhân còn mang bằng chứng của biến cố liên quan. Cụ thể hơn, gần 300 triệu người khắp thế giới thuật lại rằng họ đã bị người hành tinh bắt cóc. Nhưng điều thậm chí khó tin hơn nữa là những gì mà các nạn nhân nói đã xảy ra cho chính họ trong khi họ nằm trong tay người hành tinh. Nhiều người thuật lại rằng họ đã khứng chịu những thí nghiệm y khoa ghê gớm như tra tấn: lấy mô, trứng, tinh trùng, và máu. Những người khác trở về còn mang những vết tích đáng ghét của vụ bắt cóc. Một số tiến hành xạ quang hay một hình thức kiểm tra vật lý nào đó để cho thấy một cái gì đó nằm dưới da không thể giải thích được. Một số phụ nữ bị bắt cóc còn cho biết đã mang thai trong những lần bắt cóc nói trên.

Phải chăng người hành tinh đang cố lai giống người trái đất hay chúng ta đang trở thành một loại gia súc được định giống cho một mục đích nham hiểm nào đó? Đâu là những bí mật phía sau âm mưu thu hoạch người sắp đến của người hành tinh?

1.2 Vụ Baia Do Sul, Brazil, 18/10/1977

Claudia Miro Paixao đang ngủ tại nhà bỗng cô thấy một luồng ánh sáng xanh lá cây lạ thường tỏa ngang cửa sổ. Không khí chung quanh cô trở nên ấm hơn khi ánh sáng đó chạm vào mặt cô. Khi tỉnh thức, cô vô cùng ngạc nhiên khi ánh sáng đó đổi sang một màu đỏ kinh dị, và cô nhìn thấy một sinh vật, trông giống như một người đàn ông, mặc một cái gì trông giống như một bộ đồ thợ lặn, tay cầm một cái gì trông giống như một khẩu súng. Sinh vật lạ nổ súng, khiến cô đau đớn vô cùng. Tia sáng bắn ra làm cô bất động trong khi những dụng cụ trông giống những ống chích đâm qua da thịt cô, lấy đi một mẫu máu của cô.

Chương IV: Bắt cóc

Đó quả thực là một biến cố hãi hùng, nhưng không phải là biến cố duy nhất loại đó trong khu vực. Vụ nầy là một phần trong một loạt những vụ tấn công xảy ra ở Bắc Brazil từ cuối năm 1977 đến giữa năm 1978: Người hành tinh tấn công tại nhà.

1.3 Mục đích: máu người

Những *UFO* phóng những tia sáng bí ẩn xuống một đám đông thiếu cảnh giác. Hai nạn nhân chết vì phỏng nặng trong vòng 24 tiếng.

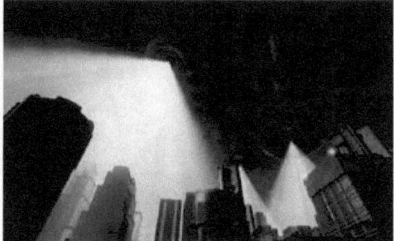

Những vụ tấn công gây ra hốt hoảng nơi dân chúng trong vùng. Người ta sợ không dám ra đường. Dân làng không ngủ cả đêm, đốt lửa và dùng mọi thứ để khua vang nhằm xua những tia sáng đáng sợ đó đi.

Quân đội Brazil phát động một cuộc điều tra về những vụ tấn công đó. Họ rà soát khu vực và chính họ đã ghi nhận hơn 200 vụ nhìn thấy *UFO* trong vòng bốn tháng. Người ta nhìn thấy *UFO* đâm thẳng xuống nước tại cửa sông Amazon River.

Hàng trăm người được phỏng vấn về những gì họ đã kinh qua; và tất cả đều đồng ý rằng người hành tinh bay đến để tìm một điều duy nhất: máu người.

Chẳng bao lâu sau khi mối đe dọa ở Brazil biến đi, nó lại hiện ra trở lại xa hơn ở miền bắc, và lần nầy những kẻ tấn công đưa kế hoạch của họ lên một bước ghê gớm hơn.

1.4 Miami, Florida, 3/1/1979

Filiberto Cardenas đang lái xe với ba người bạn bỗng nhiên xe hỏng máy. Ông bước ra để mở nắp xe kiểm tra. Bỗng nhiên một *UFO* khổng lồ xuất hiện bên trên chiếc xe. Những người đi cùng xe nhìn trong sợ hãi khi *UFO* phóng một tia sáng chói chang vào Cardenas và kéo ông lên bên trong *UFO*.

Chương IV: Bắt cóc

Sau đó, *UFO* biến mất, mang theo nạn nhân. Hai tiếng sau, một sỹ quan cảnh sát tìm thấy Cardenas cách nơi bắt cóc 16 *miles*. Nhưng theo nạn nhân, ông đã đi xa hơn nhiều. Cardenas cho biết chiếc *UFO* có ba người hành tinh trông giống như người, đưa ông đến một dải núi miền duyên hải có lối thông vào một đường hầm dưới biển.

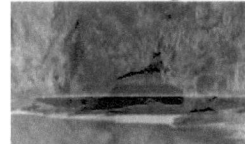 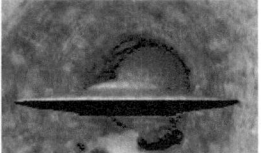

Những người hành tinh nói tiếng Tây Ban Nha và cảnh báo cho Cardenas về những cuộc chiến tranh tương lai và những tai họa sẽ đe dọa nhân loại. Ở cuối đường hầm, chiếc *UFO* bay đến một thành phố bao la dưới mặt nước, ở đó, Cardenas đã gặp một người bị bắt cóc khác, và người nầy cho biết đã sống với những người hành tinh từ nhiều năm. Cardenas cho biết những người hành tinh sau đó đã tiến hành một loạt những thí nghiệm y khoa trên ông. Một xét nghiệm cơ thể sau nầy cho thấy hơn một trăm vết kim đâm trên cơ thể của ông.

Chẳng bao lâu sau vụ bắt cóc, Cardenas bị một loạt bệnh kỳ lạ. Cơ thể ông kinh qua những thay đổi nhiệt độ lớn lao, khiến ông đổ mồ hôi dầm dề và khát nước bất tận. Tệ hại hơn cả, ông bị mất trí nhớ kinh khủng, khiến ông không còn phân biệt cái gì là thực và cái gì là hậu quả của vụ bắt cóc.

Một lần nữa ở đây, hàng triệu người trên thế giới cho biết họ đã bị người hành tinh bắt cóc, và nhiều người trong số các nạn nhân nhớ lại rất rõ những mẫu máu bị cưỡng bức lấy đi khỏi cơ thể của họ. Tuy nhiên, một số những thủ tục nầy được tiến hành một cách hiếu chiến hơn những thủ tục khác.

1.5 Mark Rowtly, Anh Quốc

Đó là một nạn nhân khác của việc giải phẫu bởi người hành tinh. Theo lời nạn nhân, bất ngờ, anh thức dậy lúc 3 giờ sáng, sợ hãi, và tê liệt cả người. Anh biết rõ những gì sắp xảy ra. Ba người hanh tinh đang đứng trong phòng. Bấy giờ anh có thể nhìn chung quanh phòng và hoàn toàn bình tĩnh, hoàn toàn thức, chỉ bất động thôi. Anh đang bước vào một chiều sợ hãi khác. Những gì khác mà anh nhớ lại là một cái gì đó đang được khoan vào tai anh.

Theo Dr. Roger Leir, nhiều người bị bắt cóc nói rằng, khi người hành tinh đặt một cái gì vào mũi họ bằng một dụng cụ, họ luôn luôn mô tả tiếng động đó mà họ đã nghe. Nếu nhìn vào khe mũi ở đáy não của nạn nhân, người ta sẽ thấy một mẫu xương mang tên *Ethmoid*, và hai đĩa mỏng nhỏ; nếu đục thũng một trong hai đĩa mỏng nầy thì người ta chạm ngay đáy não.

Nhưng tại sao người hành tinh cố truy cập não của chúng ta? Họ cố lấy cái gì ở đó. Theo tường thuật của một số người bị cắt cóc, điều khiến nạn nhân kinh hãi không phải là cái gì đã bị lấy đi mà những gì được để lại trong đó.

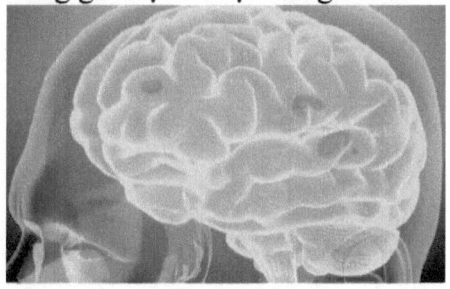

1.6 Alamogordo, New Mexico, 1975

Ted Davenport, 16 tuổi, mang ba-lô đi dạo chơi một mình trong một vùng hoang giả gần đó. Ted cảm thấy như bị thôi thúc phải làm thế bởi một lực khó tả nào đó. Trên đường đi, Cậu ta luôn luôn cảm thấy mình bị theo dõi. Trong đêm, cậu ra khỏi lều và kinh ngạc khi nhìn thấy một nhóm những sinh vật nhỏ giống như người. Cậu ngất xỉu. Sáng hôm sau, cậu thấy mình thức dậy bên cạnh đám lửa trại đã tắt của cậu, đầu nhức như búa bổ. Cậu sờ thấy một khối u ở một bên đầu và không nhớ những gì đã xảy ra đêm trước.

Năm năm sau, trong khi phục vụ trong Hải Quân, cậu bị thương nặng và được gởi đi cấp cứu. Một máy *MRI* (magnetic resonance imaging) phát hiện một mô cấy bằng kim loại (metallic implant) nằm trong não của cậu. Davenport nhiều lần bị bắt cóc kể từ khi mô cấy nói trên được phát hiện. Các bác sỹ từ chối lấy mô cấy đó ra mặc dù có nhiều cơ hội để làm thế. Davenport nói rằng những người hành tinh xử dụng các mô cây như thế để kiểm soát không những não bộ của cậu, mà cả não bộ của các bác sỹ đang điều trị cậu nữa. Một hình quét quy mô hơn (further scan) vào năm 2001 cho thấy mô cấy vẫn còn ở đó.

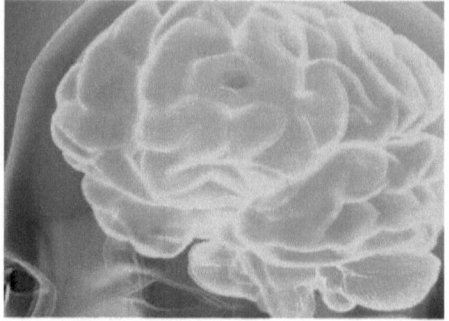

2. Viễn tượng của loài người

2.1 Mục tiêu những mô cấy

Dr. Roger Leir là một bác sỹ có kinh nghiệm lấy ra những mô cấy được để lại nơi các nạn nhân bị bắt cóc. Theo ông, cái dấu hiện ra trong khi soi không có trong sách vở y khoa về bệnh ngoài da. Nó trông giống như một người nào đó dùng một cái thìa cực nhỏ và múc ra một mẫu da nhỏ. Trong hai vụ giải phẫu mà ông thực hiện, ông đã thực sự lấy ra một mẫu da nhỏ như thế và gởi nó đi để phân tích bệnh lý. Nhưng bên dưới, ông tìm thấy một vật nhỏ hình tròn màu xám trắng trong cả hai trường hợp. Và như thế có một mẫu cấy đi liền với vết múc (scoop mark)

Phải chăng người hành tinh để lại những mô cấy trong não con người? Phải chăng họ cố theo dõi hay sao chép tất cả tư tưởng, tình cảm, và ký ức của chúng ta? Hay họ đang tìm kiếm một cái gì khác?

2.2 Những thủ thuật phụ khoa bí ẩn

So với tất cả những tiến bộ gần đây về kỹ thuật điện toán, não bộ con người hãy còn là hệ điều hành tin học (information processor) hiệu năng nhất trên hành tinh, có vận tốc vi tính thượng đẳng với 100 ngàn tỉ phép tính mỗi giây. Phải chăng người hành tinh theo đuổi chính mô não để xử dụng như một hệ điều hành hữu cơ (organic microprocessor)? Có thể trái đất là một trại trí khôn cho những giống người từ một thế giới khác? Đó là một viễn tượng đáng sợ. Nhưng theo những phúc trình, có một yếu tối quý giá hơn nhiều được thu hoạch từ cơ thể con người, một yếu tố có thể nhiễu hại chính sự tồn vong cho chủng loại của chúng ta. Một số phụ nữ bị bắt cóc cho biết họ đã khứng chịu những thủ thuật phụ khoa (gynecological procedures) do mang thai một cách bí ẩn. Tệ hại hơn, sau một vài tháng mang thai, họ nói lại bị bắt cóc một lần nữa, sau đó thai nhi của họ biến mất một cách bí ẩn. Phải chăng đứa bé là một loại tạp chủng giữa người trái đất và người hành tinh (alien-human hybrid)? Hay chủ thể bị xử dụng là một dạng *surrogate* (đẻ thay) để thụ thai cho một dạng người hành tinh đích thực? Những nạn nhân bị bỏ mặc để tự tìm lấy câu trả lời, và, không may, một số người nhận câu trả lời theo cách tệ hại nhất có thể có.

Theo Dr. Roger Leir, tiến trình mang thai có thể bị gián đoạn vào tam cá nguyệt thứ nhì hay thứ ba, lúc đó thai nhi bị lấy đi. Nhưng sau đó đứa bé được đưa lên một *UFO*; sau khi sinh ra, những đứa bé này một phần giống người mẹ và một phần giống bất kỳ ai đã lấy chúng đi: tóc thưa, đầu lớn.

Phải chăng người hành tinh cấy thai vào các phụ nữ của trái đất? Và nếu thế thì mục đích của họ là gì? Đó chẳng qua là những thí nghiệm nhằm thỏa mãn một tò mò khoa học nào đó? Một số chuyên gia tin rằng những vụ mang thai nầy là một cố gắng sản sinh những dạng lai giống giữa người trái đất và người hành tinh, có thể sống sót trong bầu khí quyển của trái đất đồng thời có được khả năng miễn nhiễm lớn hơn đối với nhiều căn bệnh của hành tinh chúng ta. Tất cả đó là một phần của một kế hoạch nham hiểm.

Một giả thuyết khác cho rằng sự kiện chủ yếu là người hành tin đang kỹ sư hóa con người về mặt di truyền. Điều nầy có thể nhằm phục vụ mục tiêu biến đổi mã di truyền (genetic code) của chúng ta hay biến đổi phương thức tiến hóa của con người. Một số người ước đoán có thể họ đang cấu tạo một hình thức sống (life form) mà họ muốn chúng ta tiến hóa theo.

Phải chăng người hành tinh đang cố đánh cắp *DNA* của con người để cấu tạo một chủng loại lai căn để một ngày kia chiếm đoạt trái đất? Bằng chứng hiển nhiên cho thấy người hành tinh đang thu hoạch máu, sức mạnh của não của con người, và thậm chí sản phẩm của những hệ thống sinh sản của chúng ta như một phần của một kế hoạch chủ nhằm cấu tạo một trái đất mới theo một hình ảnh riêng biệt của người hành tinh. Nhưng có đúng thế không? Nhiều người tin người hành tinh đã để lộ bàn tay của họ trong một loạt biến cố phi thường vào cuối thập niên 1970.

3. Người hành tinh đã để lộ bàn tay

3.1 Dulce, New Mexco, 24/3/1978

Chủ trại chăn nuôi Manuel Gomez tìm thấy xác chết của một con bò 11 tháng tuổi, nhưng ông chưa từng chứng kiến một tình trạng nào như tình trạng của xác chết con bò nầy. Bộ phận sinh dục của con bò đã bị lấy đi với một độ chính xác vượt xa khả năng kỹ thuật hiện đại.

Nhưng mẫu máu lấy từ hiện trường là một biến dạng bất thường của màu hồng nhạt và không chịu đông lại. Tử thi được gởi đến một phòng thí nghiệm ở Los Alamos để khám nghiệm. Báo cáo chính thức của cảnh sát ghi nhận rằng cả gan và tim của con bò đều mềm nhũn. Họ kết luận rằng máu màu hồng nhạt có thể giải thích do một loại dụng cụ bức xạ được xử dụng để giết con vật. Ai có thể phạm một tội ác lạ lùng như thế? Phải chăng người hành tinh đang nghiên cứu những động vật có vú trên trái đất, và nếu thế thì, với mục đích gì?

3.2 Văn minh Cổ Ai Cập

Nhiều nền văn minh cổ đã dùng trâu bò để tế thần. Phải chăng con người đã thỏa mãn một nhu cầu của người hành tinh về những động vật nầy hàng ngàn năm trước đây? Câu trả lời đầy kinh ngạc có thể nằm trong Cổ Ai Cập và triều đại của hoàng đế gây nhiều tranh cãi nhất của đế quốc nầy: Akhenaten - chồng của Hoàng Hậu huyền thoại Nefertiti.

Trước ông, những người Ai Cạp thượng cổ đã thờ nhiều nam thần và nữ thần, nhưng Akhenaten đã thay thế tất cả họ bằng một vị thần duy nhất: Atan, tức Thần Mặt Trời.

Điều kỳ diệu về Atan là vị thần quyền uy nầy xuất phát hầu như không ai biết từ đâu, thay thế hệ đa thần cũ của Ai Cập, tiếp quản hết và ban phước cho Akhenaten. Tại sao vị thần nầy lựa chọn Akhenaten và tại sao Akhenaten quyết định thay đổi cả một hệ thống tín ngưỡng đã có từ hàng ngàn năm, chỉ trong nháy mắt?

3.3 Hoàng đế Akhenaten

Đó là một đoạn giao triệt để với truyền thống tôn giáo lâu đời, nhưng đó không phải là đề tài tranh cãi duy nhất chung

Chương IV: Bắt cóc

quanh Hoàng Đế Akhenaten. Có một mối liên hệ giữa ông và vị thần nầy. Nếu chúng ta tin vào ý tưởng cho rằng Thần Atan là một dạng người hành tinh thì có lẽ Akhenaten thực sự là hậu duệ của Atan. Những hoàng đế Ai Cập luôn luôn được minh họa theo cùng một kiểu giống nhau trong những công trình nghệ thuật, nhưng Akhenaten lại trông khác hẳn.

Sọ của ông dài hẳn ra. Hình thù của ông không giống với hầu hết những mô tả về con người thời đó. Tại sao Akhenaten cố thay đổi truyền thống tôn giáo trong triều đại của ông, và tại sao ông trông khác hẳn như thế?

Akhenaten là chồng của Nefertiti và là cha đẻ Tutankhamun, nhưng ngày nay, những lý thuyết gia về *UFO* gọi Akhenaten là *The Alien King* (Vua Người Hành Tinh). Các chuyên gia chỉ ra sự tương đồng kinh ngạc giữa hoàng đế cổ xưa nầy với sự mô tả hiện đại về người hành tinh.

Phải chăng Akhenaten là một người hành tinh lai giống? Và phải chăng triều đại của ông là một âm mưu của người hành tinh muốn tiếp quản nhân loại ngay lập tức? Một số chuyên gia tin rằng, nếu Akhenaten là một người hành tinh lai giống, thì người con trai của ông - Hoàng Đế nổi tiếng Tutankhamun - cũng mang dòng máu người hành tinh trong người, và điều nầy có những hàm ngụ ghê gớm đối với toàn thế giới.

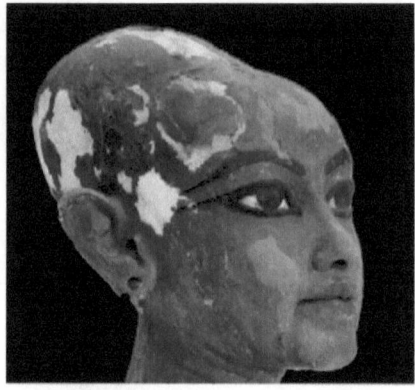

3.4 Thao túng di truyền

Một nghiên cứu gần đây cho thấy rằng nguồn gốc của gần một nửa số người đàn ông Âu Châu có thể truy nguyên về Tutankhamun, xác nhận những gì mà các chuyên gia *UFO* xem như thừa kế ẩn dấu từ người hành tinh tại Ai Cập. Những bằng chứng mỗi ngày một nhiều cho thấy có thể những người hành tinh đã và đang thao túng nhân loại về mặt di truyền trên một trình độ căn bản từ hàng ngàn năm nay.
Theo Dr. Roger Leir, tất cả những bằng chứng đều cho thấy rằng nhân loại bị giao thoa với một nền văn minh tân tiến. Nhưng họ sẽ tiếp tục kế hoạch kinh khủng nầy đến bao lâu? Mục đích tối hậu của họ là gì? Hiện tượng thu hoạch (harvest phenomenon) đang xảy ra tại một thời điểm mà dân số thế giới đang gia tăng nhanh chóng hơn bao giờ hết. Nếu chiều hướng nầy tiếp tục thì, vào khoảng 2050, dân số thế giới sẽ lên đến 10 tỉ. Theo các chuyên gia, đến lúc đó, sự sống trên trái đất sẽ trở nên bất ổn. Tuy nhiên, một số người tin rằng cao điểm đó đúng là những gì mà người hành tinh và những kẻ đồng lõa của họ trên trái đất đang chờ đợi. Nếu có một kế hoạch để chiếm đoạt trái đất, thì chuyện đó đang bắt đầu từ bên trong ra. Có thể nào như thế chăng? Phải chăng sự thu

hoạch người trái đất bí mật chỉ là một dấu hiệu báo trước cho một chiến dịch sát nhân công khai khi dân số thế giới lên đến mức tột đỉnh? Liệu người hành tinh sẽ quét sạch nhân loại khỏi mặt đất và thay thế họ bằng một hình thức sống lai chủng mới? Biết đâu chẳng có những sinh vật lai chủng như thế trong chúng ta, được thiết kế để tồn tại và bắt đầu lại một lần nữa?

3.5 Hệ Thống Siêu Quyền Lực do Thái
Ở điểm nầy người ta sẽ tự hỏi thế lực đồng lõa đó có thể là ai, nếu không phải Hệ Thống Siêu Quyền Lực Do Thái đang từng bước xây dựng cái mệnh danh là Trật Tự Thế Giới Mới do chủng tộc vô gia cư của họ cai trị. Phải chăng kế hoạch chiếm đoạt trái đất tiến hành từ trong ra, nghĩa là từ Hệ thống chính trị ma nầy của Do Thái?
Không phải vô cớ mà người ta đặt ra những nghi vấn như thế. Hệ Thống Siêu Quyền Lực Do Thái khét tiếng về âm mưu bưng bít chính trị tại Hoa Kỳ và thậm chí trên toàn thế giới từ hơn thế kỷ nay, với một mạng lưới truyền thông dày đặt và bao la nằm trong những tên trùm Do Thái. Âm mưu đó phản ảnh rất rõ nét âm mưu bưng bít về đĩa bay và người hanh tinh. Chỉ có Nhà Nước Chìm Do Thái mới có khả năng bưng bít được lâu như thế và quy mô đến thế; và họ ra sức bưng bít chỉ vì họ đã và đang dính líu với người hành tinh, hay, đúng hơn, họ đã và đồng lõa với người hành tinh để cai trị hoặc hãm hại nhân loại theo bản năng cố hữu: giết Chúa và hại người.

CHƯƠNG V

Âm Mưu Bưng Bít

Primary reference:
** Unsealed: Alien Files, American Television Series, Season 3, Episode 3. - Mary Carole McDonnell

"*Một nỗ lực toàn cầu đã bắt đầu. Những hồ sơ bị bưng bít với công chúng từ nhiều thập niên, với nhiều chi tiết về đĩa bay, hiện đang được phơi bày cho mọi người. Chúng tôi sẽ phơi bày sự thật phía sau những tài liệu mật nầy. Hãy tìm hiểu xem những gì mà chính phủ Hoa Kỳ không muốn cho bạn biết. Unsealed: Alien Files sẽ phơi bày những bí mật lớn nhất trên Trái Đất.*"
- Mary Carole McDonnell

** *Unsealed: Alien Files* là một bộ phim truyền kỳ Mỹ được trình chiếu lần đầu vào năm 2011 ở Hoa Kỳ. Bộ phim nầy điều tra về những tài liệu liên quan đến các trường hợp nhìn thấy và đối tác với *UFO* được công khai với dân chúng vào năm 2011 dựa theo Đạo Luật *Freedom of Information Act*. Mỗi kỳ (episode) của bộ phim nầy xem xét những trường hợp *UFO* được nhìn thấy, những trường hợp bị người hành tinh bắt cóc, âm mưu bưng bít của chính phủ và tin tức *UFO* khắp thế giới.

1. Bưng bít có hệ thống

Một số người tin rằng sự thật đáng kinh ngạc về những vụ trực diện của các phi hành gia với người hành tinh đã và đang bị *NASA* và chính phủ Hoa Kỳ bưng bít với công chúng.

1.1 Nghi vấn *NASA*

Trong thập niên 1960, nhân loại chúng ta thực hiện bước đầu đi vào một lãnh vực mới bao la. Nhưng chẳng bao lâu, các phi hành gia *NASA* khám phá ra rằng họ không phải là những người duy nhất du hành chung quanh trái đất và mặt trăng. Mấy thập niên qua đã chứng minh rằng *NASA* dứt khoát đã bưng bít một cái gì đó, khi nói về mối quan hệ giữa những *UFO* và các phi hành gia của chúng ta. Nhưng đó là cái gì? Có thể *NASA* đang che đậy nhận thức, theo đó, nếu đi vào không gian, nhân loại có thể đã vượt qua một đường ranh vốn đe dọa mỗi người trên hành tinh?

1.2 Baltimore, 14/3/1980

Donald Ratsch, một nhân viên truyền tin Hoa Kỳ, bắt được một thông điệp khác thường so với bất cứ những gì ông từng nghe trước đó. Nguồn gốc của tín hiệu đó chính là tàu con thoi Discovery đang bay quanh quỹ đạo trái đất.

Điều đáng chú ý hơn nữa là nội dung của chính thông điệp đó. Sau đây là trao đổi truyền tin giữa các phi hành gia và Trung Tâm Houston, Texas:

Chương V: Âm mưu bưng bít

- Houston, đây là Discovery. Chúng tôi vẫn theo dõi con tàu không gian của người hành tinh.

Có thể Discovery đang trực diện với một *UFO*. Một lúc sau, Discovery báo cáo mất điện. Tại điểm nầy, trạm kiểm soát chuyến bay ra lệnh cho phi hành đoàn chuyển sang một tầng số khác. Ratsch kinh ngạc trước những gì ông nghe được. Và không chỉ có mình ông nghe thế. Những nhân viên truyền tin khác cũng bắt được cùng thông điệp như thế, và một số đã thu lại được các tín hiệu. Bất chấp nhiều nhân chứng, *NASA* đã nhanh chóng phủ nhận một cuộc trao đổi như thế đã xảy.

Tại sao cơ quan hàng không Hoa Kỳ phủ nhận bằng chứng về những *UFO* hiện diện ngay trong sân sau của trái đất? Hóa ra biến cố Discovery chỉ là một trong hàng chục trường hợp chạm trán với *UFO* được các phi hành gia báo cáo suốt 50 năm qua.

1.3 Tổng Thống John F. Kennedy

Vào năm 1961 Tổng Thống Kennedy yêu cầu Quốc Hội và dân chúng Hoa Kỳ hậu thuẫn kế hoạch của ông nhằm đưa người lên mặt trăng. Ông nói,
"Now it is the time to take longer strides. Time for a great new American enterprise. Time for this nation to take a clearly leading role in space achievement, which in many ways may hold the key to our future on Earth."

(*Nay là lúc phải đi những bước dài hơn. Thời điểm của một dự phóng lớn. Thời điểm để quốc gia nầy đảm nhiệm một vài trò lãnh đạo rõ rệt trong thành tựu không gian, nhằm nắm giữ chìa khóa đưa đến tương lai của chúng ta theo nhiều cách.*)

Cuộc chạy đua đang diễn ra để trở thành quốc gia đầu tiên đặt chân lên một thế giới khác. Khi Kennedy đề ra mục tiêu quốc gia để Hoa Kỳ đưa một người lên mặt trăng, bề ngoài có vẻ như để đánh bại Nga. Nhưng thực ra không chỉ có thế. Trong khi *NASA* giới thiệu những anh hùng và thành tựu của họ để thu hút quần chúng, trong hậu trường đang diễn ra một màn hoàn toàn khác.

1.4 Gemini IV

Vào tháng 6/1965, James McDivitt, chỉ huy trưởng tàu không gian *Gemini IV,* được nói đã chụp được những hình ảnh đáng kinh ngạc của một *UFO* tiến gần đến con tàu của họ đang bay quanh quỹ đạo trái đất. Về sau McDivitt cho biết,

"The UFO... had a very definite shape - a cylindrical object - it was white - it had a long arm that stuck out on the side."

Một vài tháng sau, vào tháng 12/1965, *NASA* đã thu âm những trao đổi truyền tin của hai phi hành gia Frank Borman và James Lovell của Gemini VII với trung tâm điều khiển.

- *A bogey at 10 o'clock high.*
- *This is Houston, say again, VII.*
- *We have a bogey at 10 o'clock high.*

Nhưng đó thay vì là một tin nóng đối với thế giới, *NASA* được nói đã nỗ lực giữ kín những biến cố nầy. Sau khi nhiều phi hành gia bắt đầu nhìn thấy những vật lạ trong không gian, họ bèn xử dụng những từ ngữ như "*fire*," "*bogey*," hay thậm chí "*Santa Claus*" để mô tả những con tàu họ nhìn thấy bên ngoài phi thuyền của họ.

2. Những cuộc "điều tra" của chính phủ

2.1 Condon Committee

Như đã đề cập trước đây, vì dao động trước quá nhiều vụ nhìn thấy *UFO* cả trên quỹ đạo lẫn dưới đất, vào năm 1966, chính phủ Hoa Kỳ thành lập một ủy ban đặc biệt đứng đầu bởi vật lý gia nguyên tử Edward Condon để điều tra những hiện tượng *UFO* mỗi ngày một nhiều hơn.

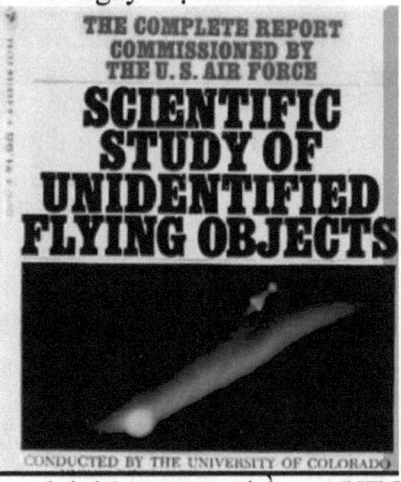

Ủy ban nầy xem lại hàng trăm hồ sơ *UFO*, kể cả những trường hợp do các phi hành gia *NASA* báo cáo. Khi ủy ban nầy đệ trình bản báo cáo chung kết của họ vào cuối năm 1968, họ kết luận rằng <u>những biến cố đó dứt khoát không được giải</u>

thích và thuộc dạng đáng tin cậy nhất. Tuy nhiên, *NASA* không tiến hành những cuộc điều tra xa hơn về những vụ nhìn thấy *UFO* của phi thuyền *Gemini*.

2.2 Apollo VIII

Trong thập niên 1960, các phi hành gia Hoa Kỳ được nói đã báo cáo một số những trường hợp nhìn thấy *UFO* trên quỹ đạo mỗi ngày một nhiều hơn. Nhưng một số chuyên gia tin rằng *NASA* đã giữ kín những báo cáo đó với công chúng. Theo Bill Birnes, Luật sư, PhD, đồng thời là chủ nhiệm của tập san *UFO Magazine*, *NASA* không những biết rõ sự hiện diện của người hành tinh, mà họ còn thường xuyên liên lạc với người hành tinh.

Vào cuối năm 1968, chương trình không gian *Apollo* của *NASA* sẵn sàng rời quỹ đạo trái đất lần đầu tiên trên một sứ mạng đi vào quỹ đạo mặt trăng. *Apollo VIII* được chỉ huy bởi Frank Borman và điều khiển bởi Jim Lovell. Đi cùng với họ là Bill Anders, phi công của tàu mặt trăng (lunar module). Chuyến du hành nầy đưa họ đến phía tối của mặt trăng và vượt khỏi tầm liên lạc với trạm kiểm soát dưới đất. Khi phi thuyền xuất hiện trở lại, người ta ghi lại cuộc điện đàm dưới đây với trạm kiểm soát.
Roger. Please be informed there is a Santa Claus.
[** Santa Claus là tiếng lóng ám chỉ *UFO*]
Đó quả thực là một tiết lộ đáng kinh ngạc. Theo quy ước truyền thông của *NASA*, *Apollo VIII* đã cho thấy sự hiện diện của một *UFO* trong vùng phụ cận với mặt trăng, một thế giới

mà họ dự tính sẽ đáp xuống trong bảy tháng tới. Bất chấp những phủ nhận công khai, vào thời kỳ *Apollo VIII*, *NASA* đang bắt đầu nghiêm chỉnh lưu ý đến khả năng những hiện tượng quái lạ xảy ra trên mặt trăng.

2.3 Những biến cố trên mặt trăng

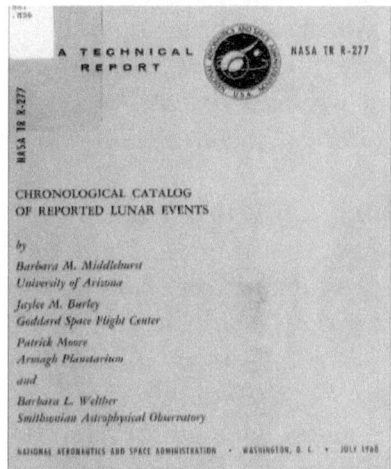

Bản liệt kê những biến cố trên mặt trăng được phổ biến vào năm 1969. Bản liệt kê nầy hãy còn là liệt kê hoàn chỉnh nhất về những hiện tượng bất thường trên mặt trăng từ năm 1500 đến 1967. Những báo cáo bao gồm các quan sát về những màu sắc bất thường, những tia sáng, và sương mù. Thời biểu của bản nghiên cứu dấy lên một số câu hỏi.

- Phải chăng *NASA* đã có bằng chứng về hoạt động của người hành tinh trên mặt trăng? Và nếu thế thì những gì sẽ xảy ra khi công chúng khám ra?

- Liệu *NASA* sẽ bị buộc phải ngưng vĩnh viễn những chương trình *Apollo*?

Ngày nay, nhiều chuyên gia tin rằng *NASA* buộc các phi hành gia ký kết một thỏa ước nào đó để quy định họ được phép nói những gì và không được phép nói những gì cho công chúng về những sứ mạng của họ.

2.4 Gordon Cooper và Phi Thuyền Mercury

Phi hành gia Gordon Cooper trên phi thuyền *Mercury* là người Mỹ cuối cùng bay lên không gian một mình. Trong một bức thư gởi đến một hội nghị của Liên Hiệp Quốc ngày 9/11/1978, Gordon viết:

"I believe that these extra-terrestrial vehicles and their crews are visiting this planet from other planets,... which obviously are a little more technically advanced than we are here on Earth... I feel that we need to have a top level, coordinated program... to scientifically collect and analyze data from all over Earth."

(Tôi tin rằng những tàu không gian nầy và phi hành đoàn của người hành tinh đang viếng hành tinh chúng ta từ những hành tinh khác,... họ tiến bộ hơn chúng ta trên trái đất về mặt kỹ thuật... Tôi cảm thấy chúng ta cần có một chương trình cao cấp, có phối hợp... để, nhờ vào khoa học, thu thập và phân tích dữ liệu từ khắp trái đất.)

Nếu Cooper nói đúng về việc người hành tinh đến viếng trái đất, thì những phi hành gia đã khám ra được gì khi lần cuối cùng họ đặt chân lên một thế giới khác?

2.5 Michael Collins

Michael Collins (sinh 31/10/1930) là một phi hành gia và phi công thử nghiệm của Hoa Kỳ. Ông được chọn vào nhóm thứ ba trong số 14 phi hành gia trong năm 1963. Ông đã bay vào không gian hai lần. Con tàu đầu tiên của ông là *Gemini 10*, trong đó ông và phi công chỉ huy John Young đã thực hiện hai cuộc hẹn với những phi thuyền khác. Trong chuyến bay thứ nhì, ông là phi công của phi thuyền mẹ (*Command Module Pilot*) cho phi thuyền *Apollo 11*. Trong khi ông ở lại trên quỹ đạo mặt trăng, Neil Armstrong và Buzz Aldrin bay trong phi thuyền con (*Lunar Module*) để thực hiện vụ đáp có người đầu tiên xuống mặt trăng. Ông là một trong số 24 phi hành gia đã bay đến mặt trăng. Sau đây là một đoạn thu băng của ông.

Chương V: Âm mưu bưng bít

"Well, I kind of have two moons in my head, I guess, whereas most people have one moon. But every once a while, I do think of a second moon, the one that I recall from up close."
(Tôi đoán dường như tôi nhìn thấy hai mặt trăng trong đầu tôi, trong khi phần lớn những người chỉ thấy một mặt trăng. Nhưng thỉnh thoảng tôi nghĩ đến một mặt trăng thứ nhì, cái mặt trăng mà tôi nhớ rất rõ.)

2.6 Biến cố năm 1969

Apollo XI cất cánh trong chuyến bay lịch sử của nó đến mặt trăng. Chỉ huy Trưởng của sứ mạng là Neil Armstrong. Michael Collins lái phi thuyền mẹ *Command Module* và Buzz Aldrin lái phi thuyền con *Luna Module* của *Apollo XI* - phi thuyền con nầy sẽ đáp xuống mặt trăng. Hàng trăm triệu người khắp thế giới gián mắt và truyền hình để theo dõi những biến cố từng giây từng phút. Nhưng hai ngày sau khi khởi sự chuyến bay, phi hành đoàn biết có thể họ đang có một cử tọa thứ nhì (another audience). Họ được nói đã nhìn thấy một vật bay lạ bay theo bên cạnh phi thuyền của họ. Ba phi hành gia sững sốt, nhưng không thể bình phẩm gì về vật bay lạ đó để hàng triệu người nghe. Những phi hành gia cho rằng giải thích duy nhất có thể có là: vật bay lạ đó là bộ phận *S-IVB* - khoan thứ ba của hỏa tiễn đẩy của họ - được phóng ra ngay sau khi phi thuyền cất cánh hai ngày trước đó.

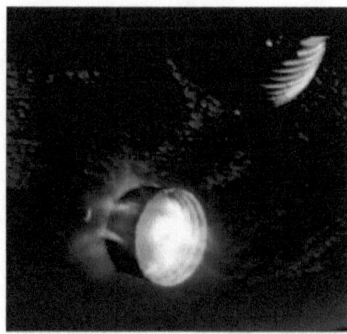

Họ yêu cầu Houston xác định xem *S-IVB* hiện ở cách phi thuyền bao xa. Nhưng câu trả lời mà họ nhận được đã làm chấn động trong phi hành đoàn.
Đoạn thu băng liên quan:
"Apollo XI, Houston, the S-IVB is about 6,000 nautical miles from you now. Over."
Thật vô lý. Vật bay mà họ quan sát đang ở gần hơn rất nhiều. Cho đến ngày nay, vật bay lạ đó vẫn chưa được xác định, và *NASA* chưa bao giờ thừa nhận sự hiện diện của nó trong suốt chuyến bay của *Apollo XI*. Nhưng nếu câu chuyện của các phi hành gia là có thật, thì *Apollo XI* không ở đó một mình. Và đó không phải là cuộc tranh cãi cuối cùng chung quanh sứ mạng lịch sử của họ.

2.7 Tranquility Base

Vào ngày 28/7/1960, phi thuyền con *Lunar Module* đáp xuống mặt trăng, và đây là một đoạn thu băng liên quan.
- Astronaut: *Tranquility base here. The eagle has landed.*

Chương V: Âm mưu bưng bít

- Roger, Tranquility. We copy you on the ground. You got a bunch of guys to turn blue who are breathing again. Thanks a lot.

Vài giờ sau, khoảng 500 triệu người chăm chú nhìn khi Neil Armstrong trở thành người đầu tiên đặt chân lên một thế giới khác.

Neil: *I'm going to step off the LM now. That's one small step for man, one giant leap for mankind.*

2.8 Mất tín hiệu một cách bí ẩn

Đó là một thành tựu cột trụ trong lịch sử nhân loại. Nhưng nhiều chuyên gia tin rằng, trong thời gian lưu lại ngắn ngủi của họ, những phi hành gia của *Apollo* đã nhìn thấy nhiều sự kiện hơn nữa so với phần còn lại của thế giới được phép nhìn. Trong cuộc đi bộ khoảng hai tiếng rưỡi trên mặt trăng, truyền tin bị gián đoạn khoảng hai phút.

Thế giới nín thở chờ đợi tín hiệu trở lại, không biết chuyện gì đang xảy ra. Nhưng sau đó, cũng đột ngột như khi bị mất, tín hiệu có trở lại, và truyền hình lại tái tục.

NASA quả quyết rằng sự trục trặc là do một trong những máy thu hình trên tàu quá nóng không thể chuyển hình. Nhưng nhiều chuyên gia hoài nghi giải thích nầy và thắc mắc những gì đã xảy ra trong thời gian hai phút đó.

2.9 Tín hiệu được truy lại

Chương V: Âm mưu bưng bít

Theo tác giả Otto Binder, không phải ai cũng bị ném vào bóng tối. Binder cho biết về sau ông đã tiếp xúc với những chuyên viên truyền tin độc lập với những trang bị có khả năng qua mặt được những trạm phát sóng của *NASA* và bắt được một đoạn trao đổi tín hiệu khác thường giữa các phi hành gia và Houston.

Armstrong: *No one's going to believe this.*
Houston: *Repeat. Repeat!*
Armstrong: *I say that there were other spaceships that lined up in the other side of the crater. There... there they are and they're watching us.*

Có thể như thế sao? Phải chăng Armstrong và Aldrin thực sự nhìn thấy *UFO* trên mặt trăng trong hai phút gián đoạn một cách bí ẩn đó?

Maurice Chatelaine, cựu giám đốc các hệ thống truyền tin của *NASA*, đã xác nhận những phương diện của câu chuyện vào năm 1979. Ông cho biết rằng, thực ra, Armstrong đã báo cáo nhìn thấy hai *UFO* bên trên miệng hố.

Theo Chatelaine, đối mặt với *UFO* là chuyện thường tình ở *NASA*,... nhưng không một ai đả động chuyện đó cho đến bây giờ. Các phi hành gia cũng báo cáo những gì họ tin là một trang bị khai thác hầm mỏ (mining equipment). Phải chăng người hành tinh đang khai thác mỏ trên mặt trăng?

3. Bí ẩn truyền thông

3.1 Hệ truyền thông kép

Có phải vụ mất tín hiệu truyền hình thực sự chỉ là một trục trặc kỹ thuật? Theo tác giả Jason Martell, bất kỳ khi nào chúng ta nhìn vào truyền thông giữa tổng đài và các phi hành gia trong không gian, luôn luôn có hai kênh truyền tin. Kênh công cộng dùng để tiếp vận thông tin. Cũng có kênh bí mật hay kênh dành riêng cho Bộ Quốc Phòng để họ có thể cắt đứt thông tin với công chúng và cho phép truyền thông một cách bí mật giữa các phi hành gia và tổng đài.

Nhiều chuyên gia *UFO* tin rằng có thể sự kiện mất tín hiệu nói trên đã ngăn chặn được một biến cố bất thường nào đó khỏi bị tiết lộ với thế giới. Một số cũng cho rằng Aldrin đã thực sự quay được đoạn phim về những *UFO* trên mặt trăng - chỉ để sau đó bị cơ quan tịch thu sau khi phi hành đoàn của *Apollo XI* trở về trái đất.

3.2 Bằng chứng người hành tinh

Một số bằng chứng nữa cho thấy âm mưu bưng bít của *NASA*: (i) hình người hành tinh được phản chiếu trong mặt nạ của phi hành gia, (ii) hình những vòm nhà to lớn (huge domes), (iii) những miệng đường hầm, (iv) những thành phố mặt trăng, và (v) những kiến trúc nhân tạo khác đã được ghi chép.

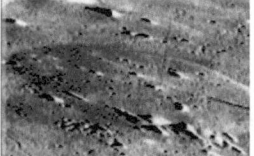 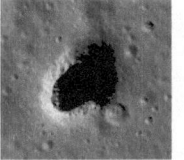 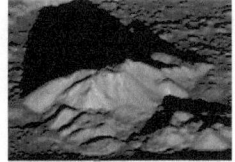

Nếu nhìn kỹ một số báo cáo được phổ biến, chúng ta thấy rằng, khi chúng ta lên mặt trăng, gởi những phi hành gia đến đó, họ thuật lại đã nhìn thấy một căn cứ hoàn chỉnh của người hành tinh. Có thể những gì mà chúng ta chụp được nguyên vẹn trên mặt trăng đã không bao giờ được phổ biến cho công chúng.

Kể từ hôm nay, những cấu trúc về nguồn gốc khả thể của người hanh tinh có thể đã được khám phá tại không dưới 44 khu vực khác nhau trên mặt trăng.

3.3 Michael Salla

Theo Michael Salla, PhD, thuộc Viện *Exopolitics Institute*, có những căn cứ của người hành tinh trên mặt trăng, và người hành tinh nhận thức có nhiều yếu tố chính trị giải thích tại sao các sứ mạng *Apollo* phải được tiến hành và tại sao phải có một viễn tượng chắc chắn về sự hiện diện của con người trên mặt trăng. Nhưng tại một thời điểm nào đó, người hành tinh đã khẳng định,

"*Vâng, đây là lãnh địa của chúng tôi. Các người không thuộc nơi nầy. Và đừng quay trở lại.*"

Chẳng bao lâu, họ có thể có người trái đất đến viếng một lần nữa.

3.4 HELIUM 3

Như thế những phi hành gia của *Apollo XI* của *NASA* được giả định đã quả quyết có sự hiện hữu của một đoàn khai thác mỏ của người hành tinh trên mặt trăng. Nhưng nếu đó là sự thực, thì cái gì đã khiến họ đến đó? Thế giới chết đó có chứa kho tàng gì? Một số chuyên gia tin rằng câu hỏi bắt đầu không phải với mặt trăng mà với mặt trời. Mặt trời là một lò phản ứng tổng hợp hạt nhân (nuclear fusion reactor); và một trong những phó sản của việc sản tạo năng lượng lớn lao nầy là một chất vô hình mang tên *helium 3*. Khí quyển (atmosphere) của trái đất ngăn cản không cho *helium 3* đi đến hành tinh nầy. Nhưng mặt trăng không có khí quyển. Từ

Chương V: Âm mưu bưng bít

hàng tỉ năm nay mặt trăng đã thường xuyên bị một làn sóng *helium 3* oanh tạc.

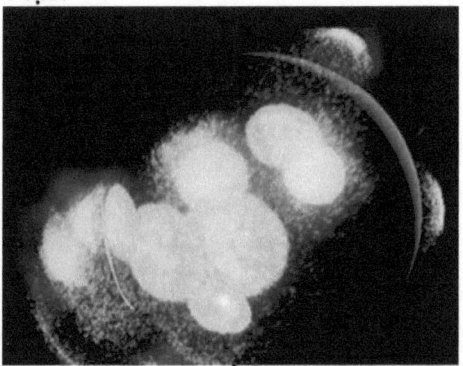

Một số chuyên gia *UFO* tin rằng tàu không gian của người hành tinh chạy bằng những máy phản ứng tổng hợp hạt nhân, và năng lượng cho những máy nầy chính là *helium 3*. Họ tin rằng người hành tinh đang khai thác chất nầy trên mặt trăng. Cả Nga lẫn Trung Quốc đều tuyên bố mục tiêu hàng đầu của bất kỳ những hoạt động khai thác mỏ tương lai sẽ là khai thác chất *helium 3*. Ai kiểm soát được sự cung ứng của chất nầy thì có thể kiểm soát được tương lai của trái đất và làm chủ công trình thám hiểm không gian. Các chuyên gia tin rằng chẳng bao lâu nữa Hoa Kỳ sẽ bị buộc phải tham gia vào cuộc chạy đua không gian mới nầy. Nhưng những gì sẽ xảy ra khi ba đại cường đối nghịch trực diện với người hành tinh được giả định đã kiểm soát mặt trăng?

Có một số thực tại đối với sự hiện diện của người hành tinh, không phải trên trái đất, mà rõ ràng ở ngoài kia, có thể là trên mặt trăng và cũng có thể trên những hành tinh khác. Liệu những sứ mạng lên mặt trăng mới đó có khởi động một cuộc xung đột liên hành tinh liên lụy đến trái đất? Và phần thưởng tối hậu sẽ là quyền kiểm soát biên thùy không gian tối hậu?

CHƯƠNG VI

Những hiện tượng khí quyển

Primary reference:
** Unsealed: Alien Files, American Television Series, Season 3, Episode 4. - Mary Carole McDonnell

"Một nỗ lực toàn cầu đã bắt đầu. Những hồ sơ bị bưng bít với công chúng từ nhiều thập niên, với nhiều chi tiết về đĩa bay, hiện đang được phơi bày cho mọi người. Chúng tôi sẽ phơi bày sự thật phía sau những tài liệu mật nầy. Hãy tìm hiểu xem những gì mà chính phủ Hoa Kỳ không muốn cho bạn biết. Unsealed: Alien Files sẽ phơi bày những bí mật lớn nhất trên Trái Đất."
- Mary Carole McDonnell

** *Unsealed: Alien Files* là một bộ phim truyền kỳ Mỹ được trình chiếu lần đầu vào năm 2011 ở Hoa Kỳ. Bộ phim nầy điều tra về những tài liệu liên quan đến các trường hợp nhìn thấy và đối tác với *UFO* được công khai với dân chúng vào năm 2011 dựa theo Đạo Luật *Freedom of Information Act*. Mỗi kỳ (episode) của bộ phim nầy xem xét những trường hợp *UFO* được nhìn thấy, những trường hợp bị người hành tinh bắt cóc, âm mưu bưng bít của chính phủ và tin tức *UFO* khắp thế giới.

1. Một số giả thuyết

Các chuyên gia về *UFO* đưa ra giả thuyết cho rằng nguyên nhân của những hiện tượng như *Northern lights, foo fighters,* và những xáo trộn khí quyển khác là do những tàu không gian của người hành tinh.

1.1 Swirling cauldron of gases

Gần khí quyển trái đất là một nồi hơi sôi động (swirling cauldron of gases), tạo ra những hiện tượng lạ lùng mà khoa học vẫn chưa có thể giải thích nổi. Nhưng một số chuyên gia tin rằng nhiều hiện tượng ánh sang khí quyển thực ra đều bắt nguồn từ người hành tinh. Phải chăng những hiện tượng khí quyển lớn nhất thực ra là những vi sinh vật ngoài trái đất (otherworldly organisms)? Và nếu thế, thì mục tiêu tối hậu của chúng là gì? Chúng có tạo nên một mối đe dọa cận kề cho nhân loại hay không?

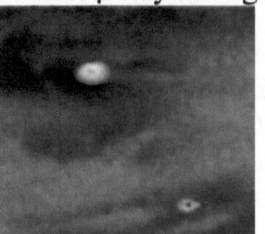
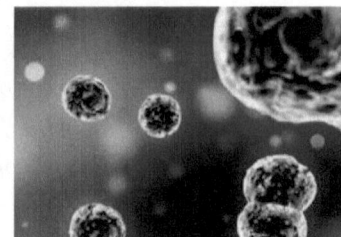

Từ những *foo fighters* (từ ngữ ám chỉ những đĩa bay) đến những hình thức sống (*life-forms*) từ ngoài không gian, cũng như những bí mật ngoài hành tinh phía sau những hiện tượng khí quyển quái dị, tất cả sẽ được phơi bày trong chương nầy.

1.2 Hessdalen, Norway, January 18, 1982

Vào lúc 7:30 pm, một cư dân tên Lars Lillevold bước ra khỏi nhà giữa hoàng hôn đang chìm sâu. Ở đây tại miền cực bắc, bầu trời mùa đông ảm đạm về đêm, nhưng trời không bao giờ tối hẳn. Bầu trời thường lóe sáng với thứ ánh sáng được gọi là *Northern Lights*.

Chương VI: Hiện tượng khí quyển

Nhưng khi nhìn vào ánh sáng đặc biệt nầy, mắt Lillevold chứng kiến một cái gì mà ông chưa hề thấy trước đó. Đó là một vật bay màu đỏ chói giống như một điếu xì-gà, dài từ 10 đến 40 mét, đang lơ lửng bất động trong không trung.

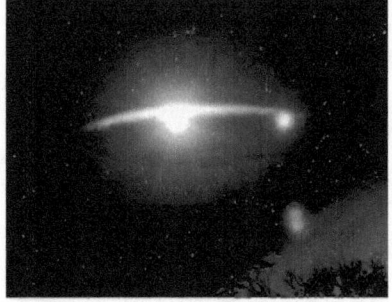

Lillvold hết sức ngạc nhiên trước sự im lặng kỳ lạ của vật bay. Sau nầy ông cho biết ông hy vọng nghe được tiếng động của nó, nhưng, thay vì thế, ông chỉ nghe tiếng thì thầm của khu rừng. Sau đó, bỗng nhiên, vật bay trở nên linh hoạt và lóe sáng chói chang với khói đỏ trong khi bay về hướng bắc. Lillevold chỉ là một trong số hàng chục cư dân đã báo cáo một hiện tượng như thế vào đầu thập niên 1980 khi bầu trời bên trên ngôi làng thiếp ngủ nầy bỗng sống động với một màn biểu diễn ánh sáng kỳ dị.

Giữa năm 1981 và 1984, khoảng 20 vật bay được nhìn thấy mỗi tuần, khiến làng Hessdalen được các chuyên gia *UFO* và các khoa học gia khắp thế giới chú ý.

1.3 Phổ học sóng plasma

Một dự án nghiên cứu được thành lập để thu thập những trường hợp chứng kiến *UFO* và phân tích dữ kiện. Từ đó, nhà thiên văn lý Massimo Teodorani kết luận rằng đa số những vật bay ở Hessdalen có thể do phổ học sóng *Plasma* - một đám mây gồm những đơn tử tải điện cao, được biết từng phô bày những đặc tính đa sắc.

Chương VI: Hiện tượng khí quyển

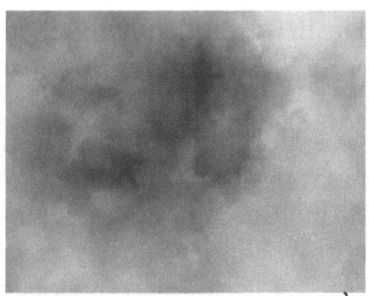

Nhưng chỉ mặt ngoài của đám mây nầy - được gọi là *Photosphere* (quyển quang) - hành xử giống như một *plasma*... và, theo bản chất của nó, quyển quang nầy có thể che giấu tất cả những gì hiện hữu bên trong nó. Và ông suy đoán rằng, nếu có một trí thông minh của người hành tinh phía sau những vật bay đó, thì có thể họ đang xử dụng *plasma* đó như một loại ngụy trang khí quyển (atmospheric camouflage). Phải chăng những *UFO* đang tự che giấu bằng phổ học sóng *plasma* trong vùng trời bên trên Hessdalen? Và nếu thế, tại sao họ lại tập trung trên ngôi làng nhỏ ở Na Uy?

Câu trả lời còn đang trong vòng điều tra. Nhưng Na Uy không phải là quốc gia Âu Châu duy nhất có những loại ánh sang bí ẩn như thế xuất hiện.

1.4 Foo Fighters

Địa điểm: Hagenau, Pháp, 23/12/1944.

Những phi công Hoa Kỳ đang bay tuần tra bên trên thành phố nầy thì bỗng nhiên họ nhìn thấy một ánh sáng màu cam khác thường đuổi theo một trong những phi cơ của họ. Ánh sáng nầy đuổi theo chiếc phi cơ trong hai phút đầy căng thẳng, cho đến khi nó biến mất với một động tác vượt mọi khả năng kỹ thuật của bất kỳ loại phi cơ nào thời đó. Đó là cuộc chạm mặt đầu tiên trong số hàng chục vụ xảy ra trong thời chiến với những *UFO* sáng ngời về sau được biết như là... *Foo Fighters.*

Foo Fighters là một hiện tượng được các phi công Hoa Kỳ nhìn thấy trong chiến tranh, khi mà họ thường nhìn ra ngoài phi cơ của họ và trông thấy những quả cầu ánh sáng hay phi cơ đang bay trong trời. Những vật bay nầy cho thấy một kỹ thuật mà các phi cơ của họ không có, và họ hơi sợ hãi, vì họ nghĩ đó là kỹ thuật của Đức Quốc Xã và đó có thể là những phi cơ mà họ sẽ đối mặt.

Nhưng trong những năm sau khi chiến tranh kết thúc, các phi công đồng minh mới biết được rằng họ không phải là những người duy nhất bị những *foo fighters* như thế đe dọa. Sau chiến tranh, chúng ta đã khám phá ra rằng cả đôi bên đều nhìn thấy kỹ thuật cực kỳ tân tiến nầy, và cho đến ngày nay, không ai có thể xác định đó là gì. Từ nhiều thập niên nay, các chuyên gia đã cố giải quyết bí mật của những vật sáng bay đó. Nhiều người tin rằng *foo fighters* thực ra là một hiện tượng thời tiết mang tên *St. Elmo's Fire,* tức hiện tượng phát ra những phổ học sóng *plasma* chiếu sáng trông có vẻ như là những đỉnh cột buồm của các con tàu và cánh phi cơ.

Nhưng không giống như *St. Elmo Fire,* những *foo fighters* di chuyển độc lập với mặt phẳng, theo một cách cho thấy một trí thông minh tân kỳ.

Phải chăng những vật bay ở Hessdalen và những *foo fighters* là những hiện tượng tự nhiên xảy ra hay chúng là những *UFO* trá hình? Và nếu thế, tại sao chúng lại nhất quyết ẩn giấu? Phản ứng *plasma* từng được trích dẫn như một câu trả lời khả thể cho nỗi quan ngại về những quả cầu sáng lạ thường trên bầu trời hiện đại. Nhưng hành xử của chúng thường có vẻ quá thông minh, không thể là những quái tượng khí quyển.

2. Một số trường hợp

2.1 Washington DC, 1952

Chiến Tranh Lạnh bấy giờ đang ở cao điểm, và bầu trời bên trên thủ đô Hoa Kỳ là không phận được bảo vệ triệt để nhất trên thế giới. Nhưng vào đêm 12/7/1952, một nhân viên kiểm soát không lưu tại Phi Trường *Washington National Airport* đã phát hiện trên *radar* bảy *UFO* đang bay ở hướng tây nam thủ đô. Ngay sau đó, một phi công, trong khi đang chuẩn bị cất cánh, liền liên lạc với đài không lưu để báo cáo sáu cầu sáng đang bay thật nhanh. Những vật bay nầy bỗng nhiên quay về hướng Tòa Bạch Ốc và Điện Capitol. Các phản lực cơ ồ ạt bay lên và cố đuổi theo những *UFO* đó. Nhưng ngay trước khi họ bay đến, những vật bay bí ẩn đó đã biến mất khỏi *radar*. Nhưng đó không phải là lần cuối cùng Washington nhì thấy những vật bay sáng bí ẩn như thế. Hết đợt nầy đến đợt khác, những *UFO* tương tự đã đe dọa khu vực nầy suốt ba tuần lễ sau đó trước khi biến mất hẳn.

Công chúng hốt hoảng và yêu cầu giới quân sự trả lời. Đó là một sự kiện vô cùng lớn lao; vì đó không chỉ là một đe dọa lớn cho an ninh quốc gia, mà còn là một cái gì mà chính phủ và quân đội không thể giải thích được. Những trường hợp nhìn thấy *UFO* đã được xác nhận trên *radar*. Họ biết những vật bay ở đó, và chúng không phải là của chúng ta.

Tướng John Samford, Giám Đốc Tình Báo Không Quân Hoa Kỳ, tổ chức một buổi họp báo, trong đó, ông tuyên bố có thể những đĩa bay chỉ là một ảo giác (optical illusion) gây ra do một hiện tượng thời tiết thường được gọi là *temperature inversion* (biến trở nhiệt độ). Hiện tượng nầy xảy ra khi một lớp không khí nóng bỗng nhiên bị kẹt lại bên trên một lớp khí lạnh, đưa đến những khúc xạ ánh sáng bất thường (unusual light refractions) và những dị dạng thị giác (visual distortions).

Nhưng những vụ nhìn thấy *UFO* ở Washington xảy ra vào ban đêm, khi mà những hệ quả như thế khó có thể, nếu không nói là không có, phát hiện được. Tuy vậy, hiện tượng *temperature inversion* trở thành lối giải thích gượng ép của giới quân sự nhằm bài bác những tuyên bố về *UFO* từ nhiều thập niên.

Phải chăng những vật sáng bay ở Washington thực sự chỉ là một dị chứng khí quyển (atmospheric anomaly) hay chúng là những đĩa bay? Và tại sao chính phủ lại nhanh chóng phủ nhận chúng đến thế? Những thập niên sau, một dị chứng khác sẽ mở lại việc điều tra những vật sáng bí ẩn trong trời đêm.

2.2 Miền tây Trung Quốc 24/7/1981

Hàng ngàn người đã chứng kiến một vòng xoắn sáng khổng lồ xoáy qua bầu trời đêm để bay lên thượng tầng khí quyển.

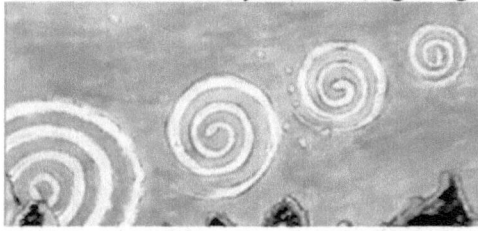

Wang Sichao, một nhà thiên văn hành tinh Trung Quốc, đã tiến hành một phân tích quy mô về những dữ kiện lấy từ biến cố nầy và kết luận rằng chuyển động xoắn của các vật bay cho thấy sự hiện diện của kỹ thuật chống trọng lực (antigravity technology) trong hệ thống lái của chúng.

Điều nầy có nghĩa là vật bay có thể là một con tàu người hành tinh... vì không một con tàu nhân tạo nào có thể bay cao như thế với một vận tốc chậm. Gần ba thập niên sau, một dị chứng hầu như tương tự như thế đã xảy ra cách đó nửa vòng trái đất, vừa khiến báo chí xôn xao vừa khởi động một chiến dịch bưng bít quái đản bởi một trong những siêu cường thế giới.

2.3 Trondelag, Na Uy, 9/12/2009

Viện *Norwegian Meteorological Institute* nhận liên tiếp những cú điện thoại gọi vào, khi hàng ngàn người chứng kiến một vòng xoáy sáng khổng lồ xuất hiện trong bầu trời đêm bên trên thành phố.

Vật bay lơ lửng trên không trung gần ba phút trước khi biến mất trong màn đêm. Một số người tin rằng vật bay hình xoắn ốc đó là phó sản của những thí nghiệm đang được tiến hành hàng trăm dặm phía nam, tại Trung Tâm *Large Hadron Collider* thuộc Cơ Quan *CERN* (*Conseil Européen pour la Recherche Nucléaire*) ở Thụy Sỹ. Những người khác lại tin đó là kết quả của một cuộc thí nghiệm hỏa tiễn thất bại của Nga. Nhưng các chuyên gia *UFO* có một giải thích rất khác. Họ tin rằng những ai đã nhìn thấy vật bay hình xoắn đó thực ra đã chứng kiến cổng vào của một lỗ giun (wormhole) - một lối đi xuyên qua mảnh không gian và thời gian, nhờ đó người hành tinh có thể du hành những không gian bao la của vũ trụ liên tinh tú (interstellar space) trong nháy mắt.

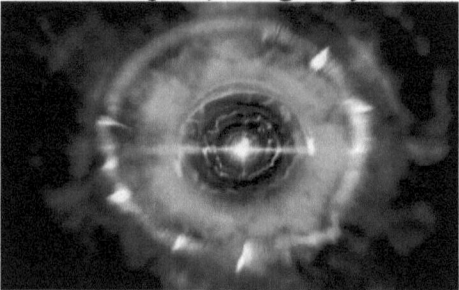

Nhưng sau khi phủ nhận mọi dính líu, Nga đã thay đổi câu chuyện của họ và xác nhận hiện tượng nói trên thực ra là một trong những hỏa tiễn của họ đã vượt tầm kiểm soát. Điều đó có nghĩa là Trung Quốc và Na Uy đã thực sự vượt qua lỗ giun liên tinh tú? Nhưng tại sao Nga thay đổi câu chuyện của họ? Phải chăng vật bay hình xoắn đó tượng trưng cho một rò

Chương VI: Hiện tượng khí quyển

rỉ sinh tử tiềm tàng nào đó về mặt tình báo? Hay nó tượng trưng cho một hiểm họa có thể khiến cả thế giới hốt hoảng? Những dị chứng khí quyển đã bị các chính phủ bác bỏ như những cái mệnh danh là biến trở nhiệt độ (temperature inversions); nhưng những trường hợp nhiều người gần đây cùng lúc nhìn thấy những vật xoắn bay trong bầu trời khiến những chuyên gia tin có một cái gì đó phía sau những hiện tượng đó.

2.4 Ball lighting: Fargo, North Dakota, 1/10/1948

Trong khi thực hiện các phi vụ thường nhật, một phi công thuộc lực lượng *Air National Guard* đã nhìn thấy một vật sáng hình tròn đang bay với một tốc độ khủng khiếp. Mặc dù lớn từ 6 đến 8 *inch* đường kính, vật bay nầy phóng đến gần chiến đấu cơ. Viên phi công liền đuổi theo, bắt đầu một trò chơi mèo bắt chuột nguy hiểm. Sau gần 30 phút, cuộc rượt đuổi chấm dứt khi *UFO* nhỏ bé đó biến mất.

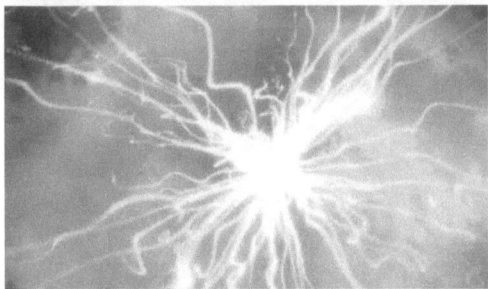

Vật bay đó trông rất giống một hiện tượng khí quyển hiếm hoi mang tên "*ball lighting*" - tức những quả cầu điện năng (spheres of electrical energy) hiện ra trong những lần sấm sét. Thay vì phóng thẳng đến trái đất như phần lớn những tia chớp quy ước, *ball lighting* có thể kéo dài lâu hơn nhiều và di chuyển theo bất kỳ hướng nào trước khi phát nổ. Nhưng biến cố ở Fargo kéo dài hơn 30 phút, lâu hơn nhiều so với bất kỳ một biến cố nào như thế được ghi nhận trước đó. Và trong phúc trình chính thức của viên phi công, ông nói rằng ông có thể cảm nhận được tư tưởng phía sau hành vi của chiếc đĩa bay đó.

Không bao lâu sau, giới quân sự bắt đầu một cuộc nghiên cứu về tất cả những vụ nhìn thấy *UFO* gần đây. Họ giả đoán có thể vật bay ở Forgo thực sự là một loại động vật nào đó.

Có thể nào như thế? Phải chăng một số *UFO* thực sự là những loại sinh vật sống rất cao trong bầu khí quyển?

2.5 Carl Sagan

Trong thập niên 1970, Carl Sagan, một vật lý gia thiên văn nổi tiếng, giả thuyết rằng những vi sinh vật dạng nhờn (gelatinous organisms) mà ông gọi là *"floaters"* có thể sống ở ngoại tầng khí quyển của hành tinh *Jupiter*.

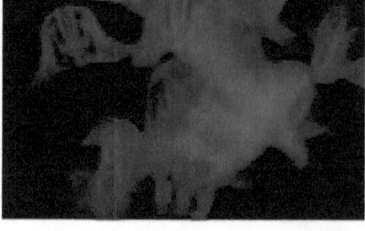

Chương VI: Hiện tượng khí quyển

Điều ông ít được biết là những vi sinh vật tương tự đã có thể bơi được trong thượng tầng khí quyển trái đất.

2.6 Amoeba *UFO*
San Pablo, California, 9/1948.

Đại tá hồi hưu Horace Eakins và một người bạn nhìn lên trời khi một máy bay ném bom bay thấp đang bay trên đầu. Bên kia chiếc máy bay, họ nhìn thấy một *UFO* trông không giống bất cứ cái gì họ đã thấy hay sẽ thấy sau nầy. Về sau nầy họ mô tả nó như một vi sinh a-míp (amoeba) khổng lồ đang bò nhấp nhô với một chấm đen chính giữa, tựa như hạt nhân của một tế bào khổng lồ. Vật bay kỳ dị đó bay về hướng đông trước khi biến mất không để lại một vết tích nào.

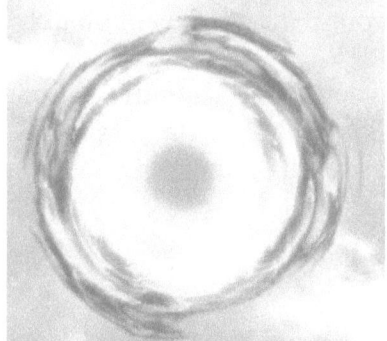

2.7 Philadelphia, 9/1950
Đúng hai năm sau, một vụ phát hiện khác cho thấy sự hiện diện của những sinh vật lạ sống trên bầu trời. Hai sỹ quan cảnh sát nhìn thấy một vật bay và đuổi theo nó đến một cánh đồng, nơi mà họ tin nó đã đáp xuống. Nhưng thay vì một tàu

không gian, họ tìm thấy một đống sáng lòe màu tím trông có vẻ hữu cơ trong bản chất.

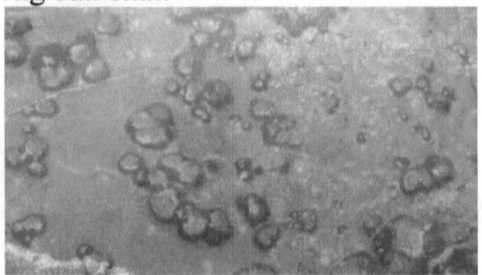

Các chuyên gia gọi đó là "*star jelly.*" Nhưng trước khi "*star jelly*" có thể được thu thập để phân tích, nó tan biến, khiến nhà chức trách chẳng biết gì về nguồn gốc của nó.

Theo quan niệm bình dân, những *jelly* nầy có xu hướng đi theo những trận mưa thiên thạch (meteor showers). Phải chăng chất kỳ lạ nầy thực sự có nguồn gốc ngoài hành tinh và được vận chuyển đến trái đất trên những thiên thạch? Hay chính những thiên thạch có thể đã bắn tung những quái vật khí quyển khổng lồ vào bầu trời?

Chúng ta có hai trường hợp xảy ra trong thập niên vừa qua, trong đó một thiên thạch hay sao chổi đã đến rất gần, nếu không nói bên trong bầu khí quyển của chúng ta, và để lại một cái gì đó.

Loại sinh vật nào có thể hiện hữu trên thượng tầng khí quyển trái đất? Và các khoa học gia đang theo đuổi những chỉ dấu gì có thể giải thích những hiện tượng ghê gớm nầy?

Chương VI: Hiện tượng khí quyển

3. Vi khuẩn người hành tinh

3.1 Ấn Độ 2009

Vào năm 2009, các khoa học gia Ấn Độ phóng một khí cầu vào thượng tầng khí quyển trái đất để thu thập những mẫu đơn tử (particle samples), nhưng khi trở, khí cầu mang theo một loại vi khuẩn lạ (unknown bacteria) có sức đề kháng cao hơn rất nhiều đối với bức xạ cực tím (ultraviolet radiation), vượt xa sức đề kháng của bất kỳ loại vi khuẩn nào trên trái đất.

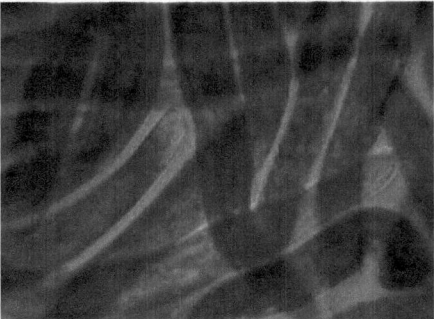

Phải chăng những vi khuẩn lạ lùng nầy đến từ ngoài không gian?

3.2 Star Jelly tại Anh

Vào tháng 2/2013, với những khám phá về *star jelly* ở Anh, một số người tin rằng những sinh vật nầy xuất hiện sau biến cố thiên thạch *Chelyabinsk* ở Nga. Có thể nào những chất kỳ lạ trông giống như thạch nầy là những tử thi của các sinh vật không lồ giống như *a-míp* sống trên bầu khí quyển và đã chết?

Nhiều thập niên chứng kiến *UFO* cho thấy rằng những dị chứng khí quyển phát sáng trên bầu trời của chúng ta có thể là những hình thức sống của người hành tinh. Một số là những *UFO* ngụy trang, trong khi những hiện tượng khác thực sự có thể là những sinh vật giống như *a-míp* sống trên thượng tầng khí quyển của trái đất mà các chuyên gia *UFO* gọi là những "*critters*."

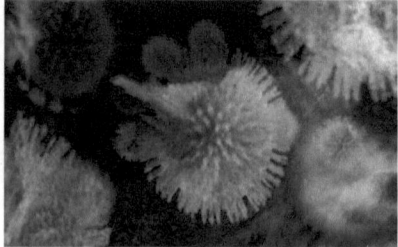

Và sự hiện diện của chúng dấy lên một loạt những câu hỏi đáng ngại.

- Có bao nhiêu loại hình thức sống không trí khôn nầy?
- Kích thước dân số của chúng ra sao?

Chương VI: Hiện tượng khí quyển

- Chúng có tạo thành một mối đe dọa cho nhân loại hay không?
- Nếu bầu khí quyển dễ tổn thương của trái đất bất ngờ sụp đổ, thì liệu chúng ta có thể trở thành con mồi cho những chủng loại hạng thứ (subspecies) của người hành tinh?

3.3 Tàu con thoi Columbia

Vào tháng 2/1996, những khoa học gia trên tàu con thoi *Columbia* chứng kiến một cái gì bên ngoài trái đất của chúng ta. Trong khi tiến hành một thí nghiệm từ trường (magnetic field test), một dây gióng (tether) ở cách xa con tàu nhiều dặm bị những vật lạ vây quanh.

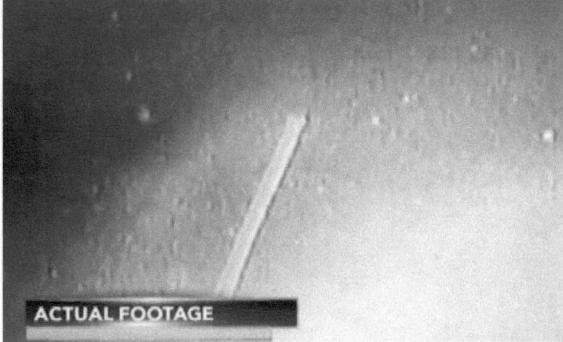

Những di chuyển của chúng trông gióng như di chuyển của những con *a-míp* hay phù sinh biển (sea plankton). Sau đây là một đoạn thu băng.

Astronaut: *We've seen a lot of things swimming in the foreground.*

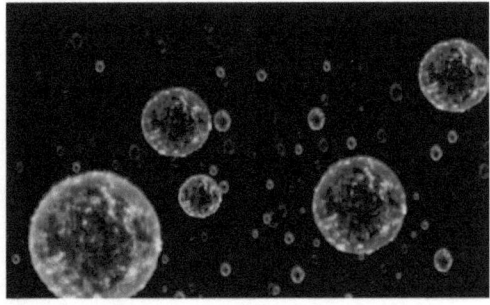

Phải chăng những *"critters"* khí quyển trong bầu trời của chúng ta là vô hại? Hay chúng thực sự là những quái vật? Những gì sẽ xảy ra nếu bầu khí quyển của chúng ta đột nhiên thay đổi một cách đáng kể và giúp chúng phá hủy nó?

Từ lâu chúng ta đã tranh đấu chống lại sự hủy diệt *ozone*, nhưng vào năm 2010, *NASA* thông báo rằng một trong những thượng tầng khí quyển của trái đất đã sụp đổ một cách bất ngờ và không thể giải thích.

Liệu một trái đất với một *ozone* bị tàn phá và bị chìm trong tia cực tím có thể tạo nên một nơi cư ngụ lý tưởng cho những sinh vật không trí khôn và tựa như một bầy sứa không gian khổng lồ ngoài hành tinh tràn ngập trái đất chúng ta với sức tàn phá khủng khiếp?

CHƯƠNG VII

Viễn tượng bị tấn công

Primary reference:
** Unsealed: Alien Files, American Television Series, Season 3, Episode 5. - Mary Carole McDonnell

"Một nỗ lực toàn cầu đã bắt đầu. Những hồ sơ bị bưng bít với công chúng từ nhiều thập niên, với nhiều chi tiết về đĩa bay, hiện đang được phơi bày cho mọi người. Chúng tôi sẽ phơi bày sự thật phía sau những tài liệu mật nầy. Hãy tìm hiểu xem những gì mà chính phủ Hoa Kỳ không muốn cho bạn biết. Unsealed: Alien Files sẽ phơi bày những bí mật lớn nhất trên Trái Đất."
- Mary Carole McDonnell

** *Unsealed: Alien Files* là một bộ phim truyền kỳ Mỹ được trình chiếu lần đầu vào năm 2011 ở Hoa Kỳ. Bộ phim nầy điều tra về những tài liệu liên quan đến các trường hợp nhìn thấy và đối tác với *UFO* được công khai với dân chúng vào năm 2011 dựa theo Đạo Luật *Freedom of Information Act*. Mỗi kỳ (episode) của bộ phim nầy xem xét những trường hợp *UFO* được nhìn thấy, những trường hợp bị người hành tinh bắt cóc, âm mưu bưng bít của chính phủ và tin tức *UFO* khắp thế giới.

1. Khái niệm chung

Viễn tượng tấn công của người hành tinh là một khái niệm quen thuộc từ phim ảnh. Nhưng trong trường hợp có cuộc xâm lăng thực sự của người hành tinh thì nhiều người tin rằng nhân loại chưa được chuẩn bị để đẩy lùi những kẻ tấn công. Hãy cùng chúng tôi nhìn vào đại họa tận thế vì người hành tinh đang đi đến và thử đoán xem trái đất làm thế nào để có thể sống sót.

1.1 Tương lai không xa

Khắp thế giới những vụ chứng kiến *UFO* trở thành những con số kỷ lục. Một số chuyên viên tin rằng, trong một tương lai không xa, có thể đến lúc người hành tinh quyết định bước ra khỏi bóng tối và xâm lăng trái đất. Nhưng viễn tượng đó sẽ xảy ra dưới hình thức nào?

Theo Steve Murillo, *Liệu quân đội của chúng ta đã được chuẩn bị để đối phó với mối đe dọa của người hành tinh hay không? Câu trả lời của tôi là: Không. Nếu có những kỹ thuật mà chúng ta tin rằng họ có nhưng chúng ta không có thì chúng ta không có một cơ may nào.*

1.2 Pennsylvania, November 9, 1965

Vào ngày đó, hàng trăm người ở Bắc Mỹ nhìn thấy một quả cầu lửa chói chang hình vòm băng trong bầu trời.

Chương VII: Viễn tượng tấn công

trong khi đó, một máy bay nhỏ đang bay gần Tidioute, Pennsylvania, bị hai *UFO* rượt đuổi. Những phản lực cơ của Không Quân ồ ạt cất cánh để cứu chiếc phi cơ đang gặp nguy hiểm. Họ bắn vào hai vật bay, chỉ để nhìn thấy chúng biến mất với một tốc độ khó tin.

Trong vòng một tiếng, những *UFO* đã phát tán sợ hãi ra phần lớn miền đông bắc, nhưng những gì xảy ra sau đó đã khiến vùng nầy được đặt trong tình trạng khẩn cấp. Ngay sau 5:00 pm, giờ Miền Đông, điện bị mất trong một vùng rộng lớn ở Bắc Mỹ và Canada. Ba chục triệu người bị mất điện gần 13 tiếng.

Bất chấp báo cáo của hàng chục nhân chứng, chính phủ Hoa Kỳ phủ nhận mọi liên quan giữa các *UFO* và vụ mất điện. Cuối cùng, nhà chức trách tuyên bố đó là một sai lầm kỹ thuật của một công nhân điện lực. Nhưng vụ mất điện làm dấy lên một câu hỏi đáng quan ngại: liệu nhân loại có thể giải quyết được gì trước một sự sụp đổ kỹ thuật trên quy mô lớn? Điều gì sẽ xảy ra nếu tất cả điện lực thế giới bất ngờ bị tắt? Với tài nguyên chỉ đủ cho vài ngày, các chuyên gia tin rằng thế giới sẽ hỗn loạn, và tạo cơ hội lý tưởng cho lực lượng người hanh tinh tấn công.

1.3 Biến cố Colares, Brazil

Nhưng trong khi những vụ mất điện được nói là do một mối đe dọa từ xa, một biến cố đáng sợ ở Brazil cho thấy một cuộc xâm lăng thực sự có thể nhanh chóng trở thành một ác mộng thực sự.

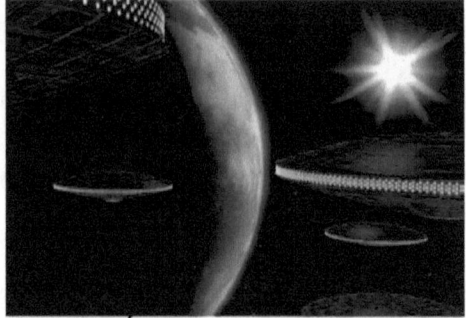

Đó là năm 1977 ở Bắc Brazil. Một làn sóng những vụ tấn công dữ dội của các *UFO* phát ra những tia sáng bí ẩn xuống một tỉnh lỵ nhỏ mất cảnh giác. 35 người bị thương được đưa đi điều trị, và những vết thương trông giống những vết phỏng phản xạ.

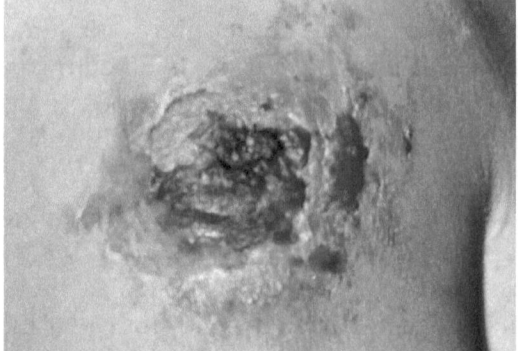

Hai người trong số họ đã chết trong vòng 24 tiếng. Hỗn loạn nhanh chóng lan rộng khắp vùng. Dân làng thức suốt đêm, dùng đủ thứ vật dụng để khua vang và đốt lửa nhằm cố xua đuổi những ánh sáng đe dọa đó đi. Quân đội Brazil phát động một cuộc điều tra. Hơn 200 *UFO* được báo cáo trong vòng bốn tháng. Một số trong những *UFO* này được thấy đã lao thẳng xuống Sông *Amazon River*. Các nhân chứng được

Chương VII: Viễn tượng tấn công

phỏng vấn về những gì họ đã kinh qua, nhưng những vụ tấn công đã làm cho các viên chức lúng túng.

Jacques Vallee, một chuyên gia nổi tiếng về *UFO*, tiến hành cuộc điều tra của chính ông về những biến cố ở Colares. Ông kết luận ánh sang bí ẩn nói trên thực ra là một tổng hợp phức tạp của bức xạ *i-on* và *không i-on* (ionizing and non-ionizing radiation), và phần lớn những vết thương đều có liên quan với những hệ quả của sóng vi ba cực mạnh (high power pulse microwaves).

Biến cố Colares là một trong những trường hợp đối tác lớn nhất trong lịch sử với người hành tinh được báo cáo. Tuy nhiên, mọi bằng chứng mà cuộc điều tra chính thức thu thập được vẫn còn được giữ kín. Và không có báo cáo chính thức nào về các biến cố được phổ biến. Một số chuyên gia rất lo ngại.

A.J. Gevaerd, giám đốc tổ chức bất vụ lợi *MUFON* (Mutual *UFO* Network) đã đưa ra nhận xét về biến cố *Colares* tại buổi điều trần *Citizen Hearing* vào năm 2013 ở Washington DC như sau.

"Hiện nay tình hình đã trở nên rất căng thẳng nên các lãnh đạo cộng đồng đã đến gặp Thống Đốc của tiểu bang Para để yêu cầu phải làm một cái gì về sự kiện đó, và chính phủ đã yêu cầu Không Quân Brazil tiến hành một cuộc điều tra để trả lời cho dân chúng. Những tài liệu cho thấy người ta đã biết có một trí thông minh bên kia hiện tượng đó và hiện tượng đó không bắt nguồn từ trái đất."

2. Âm mưu phía trước

2.1 Biến cố khải huyền

Phải chăng biến cố Colares là dấu hiện báo trước một đợt tấn công sắp đến nhắm vào nhân loại? Họ cắt chúng ta từng người một trong một loạt những đụng độ bạo động? Hay có một cách dễ dàng hơn để loại bỏ nhân loại? Một số chuyên gia tin rằng người hành tinh đang âm mưu một biến cố khải huyền (apocalyptic event) nhằm làm cho chúng ta dễ tổn thương trước một cuộc xâm lăng đại quy mô và có thể tiêu diệt nhân loại.

Nhưng một số người tin có một phương thức đơn giản hơn nhiều để buộc con người phải quỳ gối.

2.2 Mưa máu: Kerala State, Ấn Độ

Chương VII: Viễn tượng tấn công

Đó là ngày 25/7/2001. Sinh hoạt hằng ngày bị gián đoạn bởi một biến cố lạ lùng diễn tiến giống như một chương trong Kinh *Revelation*. Một trận mưa đỏ như máu bắt đầu trút xuống từ trời. Dân địa phương hoảng hốt. Họ tin đó là dấu hiệu đầu tiên của *Kali Yuga* - tức tận thế theo mô tả trong Kinh *Hindu*. Ngay sau đó những người thuộc các tín ngưỡng khác cũng cảm thấy nỗi sợ hãi tận thế tương tự. Trận hồng thủy máu tiếp tục trong hai tháng, khiến các khoa học gia cũng như dân chúng hoang mang. Những người ở gần đó bị bệnh. Họ ói mửa, nghĩ mình bị ngộ độc.

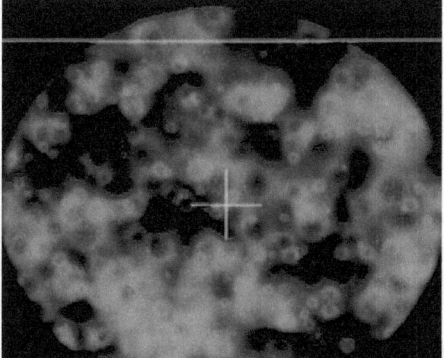

Khi được đưa mẫu thí nghiệm vào một kính hiển vi, người ta tìm thấy nước mưa có chứa những đơn tử trông rất giống những tế bào hồng cầu của con người. Nếu ý tưởng cho rằng người hành tinh đang cố quét sạch chúng ta là vô lý, thì hãy nhìn những gì mà chúng ta đã làm cho chính chúng ta trong 100 năm, 200 năm, hay thậm chí hàng ngàn năm nay.

Nhưng bất chấp nhiều năm nghiên cứu, khoa học vẫn mù tịt không biết gì về thành phần của những đơn tử màu đỏ đó. Điều ngạc nhiên lớn nhất về trường hợp mưa máu là: khi phân tích nó, họ tìm thấy chất hữu cơ (organic material) bên trong những đơn tử vốn không có trên trái đất. Ngay cả đến nay, nguồn gốc của chúng hãy còn là một bí ẩn. Đối với một chủng loại người hành tinh, chẳng có gì khó khăn trong việc gởi một loại vi khuẩn sinh học hay vi khuẩn đặc chế nào đó đến trái đất mà không cần đặt chân đến trái đất.

2.3 Fatima, Bồ Đào Nha

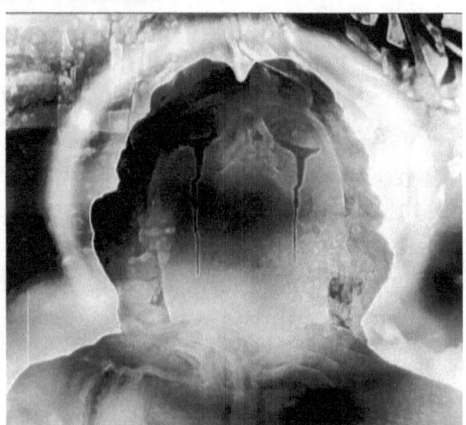

Vào mùa hè 1917, dân làng Fatima được nói có một hiện tượng bí ẩn đến viếng. Họ tin đó là Đức Mẹ Đồng Trinh Virgin Mary. Biến cô *Fatima* được vô số người nhìn thấy nên, do đó, nó được rất nhiều người biết đến và được chú ý đến nhiều kể từ đó. Ba thiếu nữ cho biết "đấng" nầy đã báo cho họ một số tiên tri mà họ đã giữ kín cho mãi đến thế kỷ 20.

Có nhiều người cố cho rằng những gì những thiếu nữ đó nhìn thấy không phải là một biến cố thiêng liêng mà đúng hơn là một biến cố người hành tinh.

Chương VII: Viễn tượng tấn công

Những nhân chứng tả lại mặt trời lúc bấy giờ như là một kính vạn hoa (Kaleidoscope) của nhiều màu sắc và tạo ra một biểu mẫu thường xuyên biến hóa trong bầu trời. Và trong một số trường hợp khi đám đông ngơ ngác nhìn lên *UFO*, những đám mây trút xuống những người đứng xem một trận mưa như thác đổ.

Trong vài ngày báo chí địa phương chạy tựa: *THE MIRACLE OF FATIMA*.

2.4 Spanish Flu

Nhưng tai họa đã xảy ra chỉ ba tháng sau.
Vào tháng 1/1918, thế giới nhiễm phải một trong những bệnh dịch chết người nhất trong lịch sử, bệnh *Spanish Flu*.

Trận dịch nầy được nói đã làm thiệt mạng hơn 100 triệu người, tàn phá khoảng năm phần trăm dân số thế giới. Phải chăng trận mưa ở Fatima là một cách để truyền tải một vi khuẩn chết người của người hành tinh đến trái đất? Và nếu thế, cái gì sẽ ngăn cản điều nầy xảy ra một lần nữa? Nhiều người trong số những người đã trực diện với người hành tinh - dù trong một vụ bắt cóc hay chứng kiến *UFO* - cảm thấy rằng, bất luận những thực thể đến viếng trái đất là gì, họ đều tàn bạo trong bản chất, bất hảo. Họ không đến đây để ban phát tình yêu và ánh sáng. Họ đến đây để tàn phá và thực sự đến đây để nhiễu hại nhân loại.

Giờ đây, nếu đúng như thế, thì đâu là cách tốt nhất để người hành tinh có thể đánh bại loài người? Đó có thể là bằng chiến tranh sinh học. Họ sẽ không bao giờ mất một tên lính người hành tinh nào của họ, nếu đó là những gì họ đã có với sự xử dụng yếu tố sinh học trong bầu khí quyển của chúng ta. Khả năng chiến thắng một cuộc chiến theo cách đó rõ ràng vượt hẳn kỹ thuật của con người. Người hành tinh sẽ thắng ngay tức khắc. Con người khó có cơ chiến đấu, đừng nói là chiến thắng.

Phải chăng người hành tinh đang gieo dịch bệnh chết người cho trái đất? Liệu nhân loại sẽ cúi đầu trước một loạt dịch bệnh chết người để trống hành tinh cho họ chinh phục?

2.5 Lao động nô lệ

Nhiều chuyên gia *UFO* tin rằng nhân loại tượng trưng cho một tài nguyên quá quý giá đối với những người hành tinh xâm lăng nên họ khó mà tiêu diệt tài nguyên đó. Họ có thể có một xử dụng khác dành cho chúng ta. Tài nguyên đó chính là lao động nô lệ (slave labor). Và có thể người hành tinh đang thử nghiệm một kế hoạch để buộc chúng ta khuất phục.

3. Kiểm soát nhân loại

3.1 Alamogordo, New Mexico, 1975

Trường hợp nầy đã được đề cập trong một chương trước và nay được ghi lại để bổ sung cho đề tài của chương nầy.

Ted Davenport, 16 tuổi, mang ba-lô đi dạo chơi một mình trong một vùng hoang giả gần đó. Ted cảm thấy như bị thôi thúc phải làm thế bởi một lực khó tả nào đó. Trên đường đi, Cậu ta luôn luôn cảm thấy mình bị theo dõi. Trong đêm, cậu ra khỏi lều và kinh ngạc khi nhìn thấy một nhóm những sinh vật nhỏ giống như người. Cậu ngất xỉu. Sáng hôm sau, cậu thấy mình thức dậy bên cạnh đám lửa trại đã tắt của cậu, đầu nhức như búa bổ. Cậu sờ thấy một khối u ở một bên đầu và không nhớ những gì đã xảy ra đêm trước.

Năm năm sau, trong khi phục vụ trong Hải Quân, cậu bị thương nặng và được gởi đi cấp cứu. Một máy *MRI* (magnetic resonance imaging) phát hiện một mô cấy bằng kim loại (metallic implant) nằm trong não của cậu. Davenport nhiều lần bị bắt cóc kể từ khi mô cấy nói trên được phát hiện. Các bác sỹ từ chối lấy mô cấy đó ra mặc dù có nhiều cơ hội để làm thế. Davenport nói rằng những người hành tinh xử dụng các mô cấy như thế để kiểm soát không những não bộ của cậu, mà cả não bộ của các bác sỹ đang điều trị cậu nữa. Một hình quét quy mô hơn (further scan) vào năm 2001 cho thấy mô cấy vẫn còn ở đó.

Davenport chỉ là một trong hàng ngàn người được khám phá mang theo kỹ thuật người hành tinh được cấy trong cơ thể. Câu hỏi là: mô cấy đó có mục đích gì?

3.2 Dulce Base

Hiện có nhiều lý thuyết, nhưng lý thuyết đáng sợ nhất có thể bắt nguồn từ một căn cứ quân sự bí mật dưới mặt đất của chính phủ ở New Mexico: *Dulce Base*. Căn cứ nầy được nói là một căn cứ quân sự nằm bên trong Cao Nguyên Archuleta Mesa phía bắc Dulce, New Mexico. Căn cứ không có tháp canh, không có xe tăng bên ngoài. Có giả thuyết cho rằng có một căn cứ sâu bên trong núi mà không những quân đội Hoa Kỳ chúng ta điều hành trong đó mà, theo sau một thỏa ước với người hành tinh, họ (người hành tinh) cũng có mặt ở đó, tiến hành bất kỳ những hoạt động nào có thể có bên trong Archuleta Mesa.

Hàng ngàn người được nói đã bị bắt cóc và bị đưa đến một trong 7 tầng lầu của *Dulce Base*, mỗi tầng đều khủng khiếp hơn tầng vừa qua. Trên lầu 4, những thí nghiệm được nói tập trung trên thôi miên (hypnosis) và thần giao cách cảm (telepathy). Nhưng chính những thí nghiệm liên quan đến sóng não (brain waves) mới là những thí nghiệm ghê gớm nhất. Phải chăng người hành tinh đã khám phá ra cách để

Chương VII: Viễn tượng tấn công

theo dõi sóng não của con người, chủ yếu tạo ra một cửa ngõ thông qua đó chúng ta dễ dàng bị kiểm soát?

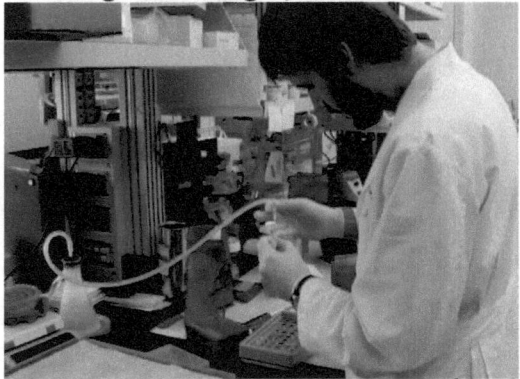

Một nghiên cứu mới đây của khoa học gia thần kinh Norman S. Don đưa đến một kết luận khủng khiếp. Ông đo lường những sóng não của các đối tượng được nói đã bị người hành tinh bắt cóc hay đã chứng kiến các *UFO*. Trong tất cả những trường hợp đó, những người bị bắt cóc có thể biểu hiện những trạng thái bất thường hay giống như lên đồng (trance-like states) trong khi thức, những điều mà họ không thể làm trước khi bị bắt cóc. Nếu đúng thế thì có thể Dr. Don đã khám phá lý do chủ yếu tại sao người hanh tinh bắt cóc người của chúng ta với những con số kỷ lục như vậy.

Nếu người hành tinh có thể thay đổi cách hoạt động của não bộ chúng ta thì họ có thể kiểm soát toàn bộ tư tưởng của chúng ta. Liệu người hành tinh sẽ thực dân hóa trái đất và nô lệ hóa nhân loại trong một trận khải huyền tàn bạo hay họ chỉ chuẩn bị nền văn minh của chúng ta cho một chủ nhân ông mới? Nhiều chuyên gia tin rằng người hành tinh có thể đang âm mưu một đại họa tương lai để quét sạch nhân loại khỏi mặt đất. Nhưng làm sao người hành tinh có thể hoàn thành mục tiêu tối hậu của họ với những nỗ lực tối thiểu?

3.3 Thiên thạch Apophis

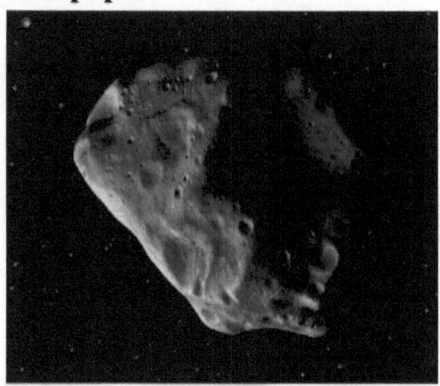

Vào năm 2004, ba nhà thiên văn ở Trung Tâm *Kitt Peak National Observatory* ở Arizona đã đạt được một khám phá khủng khiếp. Một thiên thạch (asteroid) khổng lồ có đường kính gần 1,000 *feet* sẽ đi vào vùng phụ cận của trái đất vào năm 2011. Các nhà thiên văn đặt tên thiên thạch đó là *Apophis*. Với trọng lượng 20 triệu tấn, nếu nó rơi vào trái đất, thì thiên thạch nầy có thể sẽ nổ tung với một lực tàn phá tương đương với một tỉ tấn *TNT*, đưa đến một kịch bản tận thế.

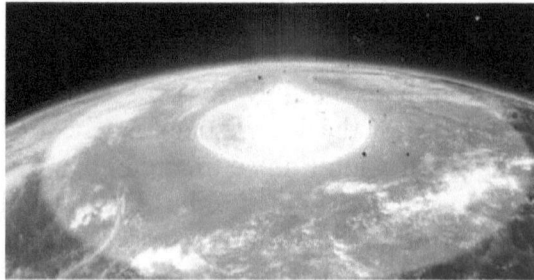

Theo thuật ngữ thiên văn học, chúng ta đã may mắn thoát nạn trong đường tơ kẽ tóc. Nhưng *Apophis* chưa chấm dứt với chúng ta. Hướng trình hiện nay của nó sẽ đưa nó trở lại trái đất vào năm 2029, bay qua cách hành tinh chúng ta chỉ 20,000 dặm, đủ gần để tiêu diệt những vệ tinh trên quỹ đạo. Nhưng những gì sẽ xảy ra nếu một ai đó hay một cái gì đó đẩy *Apophis* gần trái đất hơn, khóa nó lại vào một lỗ khóa trọng lực (gravitational keyhole) chỉ có nửa dặm bề ngang,

Chương VII: Viễn tượng tấn công

hữu hiệu đặt nó lên một trục va chạm trực tiếp với hành tinh chúng ta?

Vì là một nền văn minh tiên tiến, người hành tinh có thể rất chính xác trong việc điều chỉnh hướng trình của thiên thạch. Họ không cần những vũ khí *laser* siêu tân kỳ. Họ chỉ cần phóng đi một số thiên thạch thế là chúng ta tận thế. Trừ phi chúng ta có cách gì ngăn chặn những thiên thạch như thế, bằng không thì vô phương sống sót.

NASA chưa bao giờ công khai thừa nhận sự hiện hữu của người hành tinh, bất chấp hàng chục trường hợp chứng kiến của các nhân viên và tất cả bằng chứng phim ảnh hiện có. Nhưng từ khi *Apophis* xuất hiện, cơ quan nầy đột nhiên chuyển hướng nhìn của họ sang các thiên thạch. Vào tháng 4/2013, *NASA* tiết lộ những kế hoạch về một sứ mạng chưa từng thấy nhắm vào không gian xa để xích cổ một thiên thạch và kéo nó trở lại quỹ đạo trái đất.

Theo các viên chức, ở đó, các tàu không gian của *NASA* sẽ đáp xuống thiên thạch nầy nhằm mục đích nghiên cứu. Liệu cơ quan không gian Hoa Kỳ có được tình báo then chốt nào về những kế hoạch của người hành tinh liên quan đến *Apophis* hay không? Các chuyên gia tin rằng sứ mạng nầy có thể là một nỗ lực nhằm phát triển một loại kỹ thuật có thể cứu thế giới khỏi viễn tượng một thiên thạch đụng vào trái đất. Liệu nhân loại có thể tự vệ chống lại mối đe dọa tối hậu của người hành tinh? Hay, ngược lại, một biến cố khải huyền sẽ thay đổi vĩnh viễn dòng lịch sử của hành tinh chúng ta?

4. Vài giả đoán

4.1 Viễn tượng Khải huyền

Một số chương khác của sách nầy cho thấy rằng người hành tinh, nếu có trên trái đất của chúng ta, họ đều trú đóng an toàn dưới lòng đất hay lòng đại dương, không tự phơi bày trên mặt đất. Điều đó có nghĩa là họ rất an toàn về mặt tình báo và sinh tồn. Trong trường hợp họ âm mưu tiêu diệt hành tinh chúng ta bằng một loại vũ khí đại quy mô nào đó, họ sẽ có hai lựa chọn:

1. Họ sẽ ẩn sâu dưới lòng đất hay lòng đại dương và không bị hậu quả của bất kỳ loại vũ khí tấn công nào xảy ra trên mặt đất, kể cả những thiên thạch vĩ đại nhắm vào hành tinh của chúng ta;

Chương VII: Viễn tượng tấn công

2. Họ sẽ tạm thời rời trái đất trước khi xảy ra đại họa tận thế. Sau đó họ sẽ quay trở lại hành tinh chúng ta như những chủ nhân ông mới.

Tất nhiên, trong cả hai lựa chọn, người hành tinh thừa khả năng đo lường sức hủy diệt của những loại vũ khí mà họ xử dụng. Những vũ khí đó, tối đa, chỉ quét sạch con người nhưng không phá hủy trái đất về mặt vật lý. Họ sẽ tiếp quản một hành tinh vắng bóng con người, thế thôi. Hệ thống miễn nhiễm của người hành tinh sẽ giúp họ thắng thế trước bất kỳ loại vi khuẩn hay dịch bệnh nào do chính họ tạo ra.

4.2 Những thế lực đồng lõa của trái đất

Nếu Hệ Thống Siêu Quyền Lực Do Thái thực sự đồng lõa với người hành tinh, thì trong giai đoạn tối hậu nầy, vai trò của hệ thống nầy ra sao? Sau đây là một vài giả đoán.

1. Sau khi phục vụ mục đích tối hậu của người hành tinh xâm lăng, Hệ Thống Siêu Quyền Lực Do Thái sẽ bị vắt chanh bỏ vỏ và cũng sẽ chịu chung số phận của phần còn lại của nhân loại.

2. Nếu mục tiêu tối hậu của người hành tinh là nô lệ hóa nhân loại sau khi đại thắng, thì rất có thể Hệ Thống Siêu Quyền Lực Do Thái sẽ cai trị thế giới như một nhà nước ủy nhiệm của người hành tinh. Bên thắng cuộc bấy giờ là người hành tinh và Tập Đoàn Do Thái quốc tế. Bên thua cuộc là thế giới của những người có lương tri chính trị và đạo đức. Hành tinh chúng ta sẽ trở thành cái mệnh danh là New World Order - Trật Tự Thế Giới Mới - mà bọn Do Thái vô gia cư từng mơ ước hơn thế kỷ nay.

CHƯƠNG VIII

Khả năng bưng bít

Primary reference:
** Unsealed: Alien Files, American Television Series, Season 3, Episode 6. - Mary Carole McDonnell

"*Một nỗ lực toàn cầu đã bắt đầu. Những hồ sơ bị bưng bít với công chúng từ nhiều thập niên, với nhiều chi tiết về đĩa bay, hiện đang được phơi bày cho mọi người. Chúng tôi sẽ phơi bày sự thật phía sau những tài liệu mật nầy. Hãy tìm hiểu xem những gì mà chính phủ Hoa Kỳ không muốn cho bạn biết. Unsealed: Alien Files sẽ phơi bày những bí mật lớn nhất trên Trái Đất.*"
- Mary Carole McDonnell

** *Unsealed: Alien Files* là một bộ phim truyền kỳ Mỹ được trình chiếu lần đầu vào năm 2011 ở Hoa Kỳ. Bộ phim nầy điều tra về những tài liệu liên quan đến các trường hợp nhìn thấy và đối tác với *UFO* được công khai với dân chúng vào năm 2011 dựa theo Đạo Luật *Freedom of Information Act*. Mỗi kỳ (episode) của bộ phim nầy xem xét những trường hợp *UFO* được nhìn thấy, những trường hợp bị người hành tinh bắt cóc, âm mưu bưng bít của chính phủ và tin tức *UFO* khắp thế giới.

1. Vai trò của quân lực

Nhiều lực lượng quân sự khắp thế giới đã ghi nhận hàng ngàn vụ đối diện với những con tàu bí ẩn. Một số trường hợp tỏ ra quá phổ biến nên khó lòng bưng bít. Quân đội từ xưa đến nay vẫn là tuyến đầu phòng thủ và họ thường là những lực lượng đáp ứng đầu tiên trước những đe dọa đến từ một thế giới khác. Hơn 70 năm qua quân lực của thế giới đã trực diện với hàng ngàn vật bay lạ. Nhưng những chi tiết của những lần trực diện đó vẫn còn bị giữ kín. Nhưng một số vụ đối đầu có vũ trang tỏ ra quá lớn hay quá bùng nổ không thể bưng bít được.

2. Mười vụ chạm trán hàng đầu

2.1 The Cosford Incident

Đó là ngày 30/3/1993 ở Cosford, Anh Quốc. Quân cảnh Anh bấy giờ đang tuần tra tại Căn Cứ Không Quân *Royal Air force Base Cosford,* và họ nhìn thấy một vật bay khác thường.

Đó là một *UFO* khổng lồ đang im lặng phóng nhanh trong bầu trời đêm. Đường dây nóng *UFO* của Bộ Quốc Phòng Anh đột nhiên bị tràn ngập với những đợt gọi điện thoại từ các cư dân trong khu vực. Người đứng đầu bộ nầy lúc bấy giờ là Nick Pope.

Chương VIII: Khả năng bưng bít

Theo lời Nick Pope,
"There were several dozen witnesses, including numerous officers and Air Force personnel. Two Air Force bases in the UK were directly flown over by a UFO."
(Có vài chục nhân chứng, kể cả nhiều sỹ quan và nhân viên không quân. Hai căn cứ không quân ở Anh đã nhìn thấy một UFO bay bên trên)
Các binh sỹ không quân nhìn trong kinh hãi khi chiếc *UFO* khổng lồ đó từ từ bay đến căn cứ đồng thời chiếu xuống mặt đất một tia sáng hẹp giống như tia *laser*.

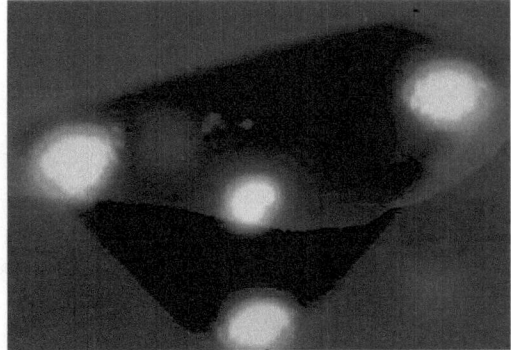

Sau đó, không báo trước, chiếc *UFO* đột nhiên tắt tia sáng và phóng nhanh khỏi chân trời.
Chỉ con số nhân chứng trong vụ Cosford không thôi cũng đủ khiến bộ quốc phòng Anh không còn chọn lựa nào khác là thú nhận nó.

"An unidentified object or objects of unknown origin was operating over the UK."
(Một hoặc nhiều vật bay lạ không rõ nguồn gốc đã bay trên nước Anh.)

2.2 The Battle of Los Angeles

Đó là ngày 24/2/1942. Chưa đầy ba tháng sau cuộc tấn công của Nhật vào Trân Châu Cảng, một con tàu lạ xuất hiện trên bầu trời đêm ở Los Angles. Vì sợ một cuộc tấn công bất ngờ khác của Nhật, pháo binh phòng không Hoa Kỳ lập tức khai hỏa. hàng trăm nhân chứng đứng nhìn trong kinh hãi trong khi quân đội bắn hơn 1,400 quả đạn vào chiếc *UFO*, nhưng chẳng có kết quả. Nhưng sau đó, cũng nhanh chóng như lúc nó xuất hiện, chiếc *UFO* biến mất vào trong trời đêm, để lại thành phố trong tình trạng hốt hoảng.

Chương VIII: Khả năng bưng bít

Sáng hôm sau, Bộ Trưởng Hải Quân Frank Knox thông báo rằng *UFO* đó thực ra là một khí cầu thời tiết (weather balloon) và xem phản ứng sôi động như một trường hợp sai lầm do ám ảnh chiến tranh của quần chúng.

Nhưng theo Bill Birnes, Luật Sư, PhD, và đồng thời là chủ nhiệm của tập san *UFO Magazine*,

"The government explanation that it was simply a balloon, a surveillance balloon or a weather balloon, that blew off course, simply makes no sense. After 60 years, we still have no explanation for what appeared in the skies over Southern California in February 1942."

(Chính phủ giải thích đó chỉ là một khí cầu, một khí cầu trinh sát hay một khí cầu thời tiết, đã bay lệch hướng. Giải thích đó dứt khoát vô lý. Sau 60 năm, chúng ta vẫn chưa có một giải thích nào về những gì xuất hiện trong bầu trời bên ở Nam California vào tháng 2/1942.)

Và George Marshall, Bộ Trưởng Quốc Phòng Hoa Kỳ thời đó, cũng thông báo bác bỏ bất kỳ hoạt động *UFO* nào; nhưng, trong chỗ riêng tư, Marshall đã gởi đến Tổng Thống Franklin D. Roosevelt một giác thư với một tiết lộ hết sức kinh ngạc:

"Liên quan đến vụ không biến...bên trên Los Angeles... tổng hành dinh ở đó đã quả quyết rằng vật bay mà quân đội bắn thực ra không phát xuất từ trái đất, và theo nguồn tình báo bí mật... rất có thể chúng xuất phát từ ngoài trái đất."

2.3 Laredo Crash

Đó là ngày 7/7/1948 tại miền tây nam Hoa Kỳ. *Radar* của Hoa Kỳ phát hiện một vật bay lạ đang phóng nhanh qua bầu trời với tốc độ hơn 2,000 miles/giờ. Hiện tượng đó trông có vẻ như một thiên thạch (meteor), cho đến khi nó đột ngột đổi hướng 90 độ để bay về hướng Laredo, Texas. hai phản lực cơ cất cánh đuổi theo chiếc *UFO*. Theo các báo cáo, hai phản lực cơ nầy khai hỏa vào vật bay; và vật bay rơi khỏi bầu trời ngay phía nam biên giới Mexico. Trong một động thái chưa từng thấy, quân đội điều một đơn vị xuyên qua biên giới phía nam để thu hồi xác vật bay.

Khi đến nơi đĩa bay rơi, toán đặc nhiệm tìm thấy một "máy bay" trông không giống bất kỳ những gì họ đã thấy trước đó: Một đĩa bay màu bạc có đường kính dài hơn 90 feet, như được làm bằng một thứ kim loại không thể phá hủy.

Toán thu hồi bắt đầu tháo rời vật bay bị rơi. Kim loại của vật bay có vẻ gần như không uốn cong hay bẻ gãy, ngay cả khi bị nung bằng đuốc hàn *acetylene*. Họ buộc phải xử dụng những mũi khoan và cưa bằng kim cương để cưa bức thân tàu. Những gì họ tìm thấy bên trong vật bay gây kinh ngạc

Chương VIII: Khả năng bưng bít

khủng khiếp: Một thi thể bị cháy nặng của phi công người hành tinh.

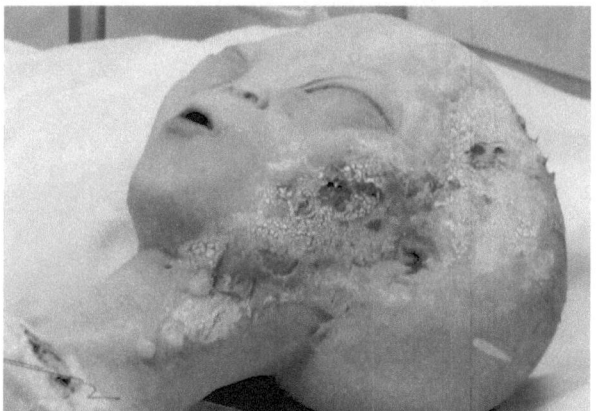

Những người chứng kiến mô tả thi thể trông có vẻ là người hành tinh. Thi thể nầy cao 4.5 *feet*, hai tay chỉ cho thấy 4 ngón tay trông giống như 4 vuốt. Hình thù và kích thước của đầu không khác của người, nhưng hoàn toàn không phải đầu người.

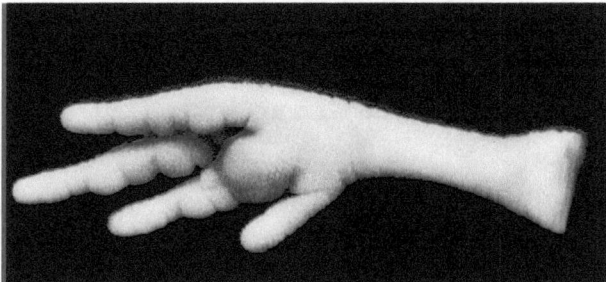

George Marshall lập tức ngăn chặn không cho loan truyền tin tức về khám phá nầy. Đối với một số ít người được tuyển chọn có dính líu đến biến cố nầy, và đối với những người đã tận mắt chứng kiến, họ nhanh chóng bị bịt miệng. Họ được lệnh phải nói một câu chuyện hoàn toàn khác và phần còn lại bị ém nhẹm hoàn toàn. Đây là lần thứ ba Marshall được nói đã hành động để che đậy sự hiện diện của người hành tinh.

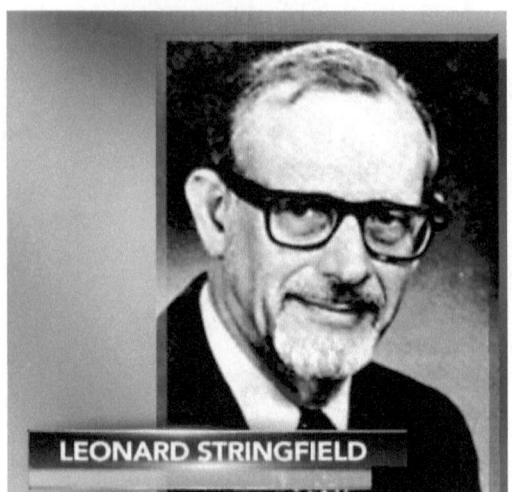

Theo Leonard Stringfield, một chuyên gia *UFO* độc lập nổi tiếng, và là người đã đưa ra những trường hợp chứng kiến mới vào năm 1978, sau đó xác của *UFO* và tử thi người hành tinh được nhanh chóng đưa đến Căn Cứ Không Quân *San Antonio Air Base* để xem xét. Nhưng hiện những tang vật nầy đang ở đâu không ai rõ.

2.4 Flight 19 và Bermuda Triangle
Đó là ngày 5/12/1945 tại Căn Cứ *Ft Lauderdale*, Florida.

Năm phi cơ phóng ngư lôi *Avenger* của Hải Quân Hoa Kỳ với 14 người trong phi hành đoàn cất cánh trong một phi vụ huấn luyện bình thường trên không phận Đại Tây Dương. Nửa đường trong phi vụ, căn cứ nhận được một thông điệp đáng ngại từ sỹ quan chỉ huy của phi vụ. Họ nói mọi chuyện

Chương VIII: Khả năng bưng bít

có vẻ lạ thường. Địa bàn bị xáo trộn, tựa như chúng không thể tìm được hướng bắc nữa. Một lần nữa ở đây, những phi cơ phóng ngư lôi *Avenger* nầy, với 14 người trong phi hành đoàn, tự nhiên biến mất trong đại dương, biến mất khỏi bản đồ, và không bao giờ thấy lại.

Hải Quân lập tức khởi động một thủy phi cơ (flying boat) để tìm kiếm và cấp cứu. Nhưng chiếc tàu nầy cũng mất tích cùng với phi hành đoàn 13 người. Một con tàu đi ngang báo cáo đã nhìn thấy một vụ nổ trên không và tìm thấy một vạt dầu trên mặt biển, nhưng các thi thể hay xác máy bay không bao giờ được tìm thấy.

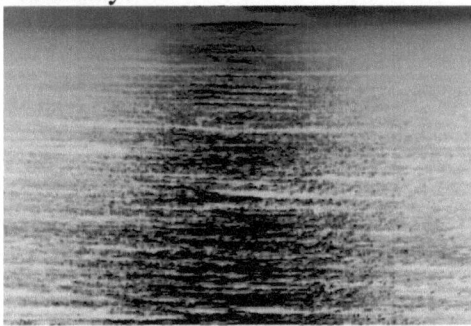

Làm thế nào 6 phi cơ và 27 người trong phi hành đoàn hải quân có thể biến mất mà không để lại một vết tích nào? Ngày nay nhiều người tin rằng phi hành đoàn trong chuyến bay *Fligth19* và sứ mạng cấp cứu là những nạn nhân của một vụ bắt cóc tập thể của người hành tinh. Đó là một trong nhiều vụ mất tính bí ẩn khiến vùng biển nầy ngày nay mang một cái tên đáng sợ: *Bermuda Triangle*.

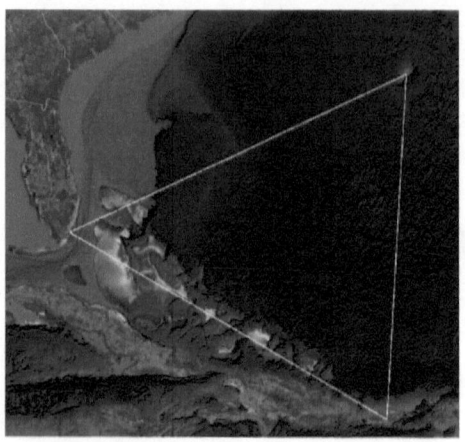

2.5 Operation High Jump

Đó là tháng 12/1946 tại Antarctica.

Đô Đốc Richard E. Byrd chỉ huy một lực lượng đặc nhiệm đa quốc gồm 13 chiếc tàu đến Nam Cực. Về mặt công khai, mục tiêu của sứ mạng nầy là thiết lập một trạm nghiên cứu và thử nghiệm khả năng hành quân của các lực lượng đồng minh trong những điều kiện ở hai cực địa cầu. Về mặt bí mật, mục tiêu của cuộc hành quân *High Jump* là tiêu hủy những tàn dư của một căn cứ bí mật thuộc Đức Quốc Xã ngay sau khi kết thúc Đệ Nhị Thế Chiến.

Chương VIII: Khả năng bưng bít

Nhưng theo những báo cáo không chính thức, Byrd và thủy thủ đoàn của ông vô cùng ngạc nhiên khi khám phá ra một bí mật hết sức kinh ngạc.

Phi đội chiến đấu của Đô Đốc Byrd tìm thấy một lối vào sâu lòng đất. Đó là một lối vào đủ rộng để các phi cơ của phi đội nầy bay vào, theo đội hình chiến đấu.

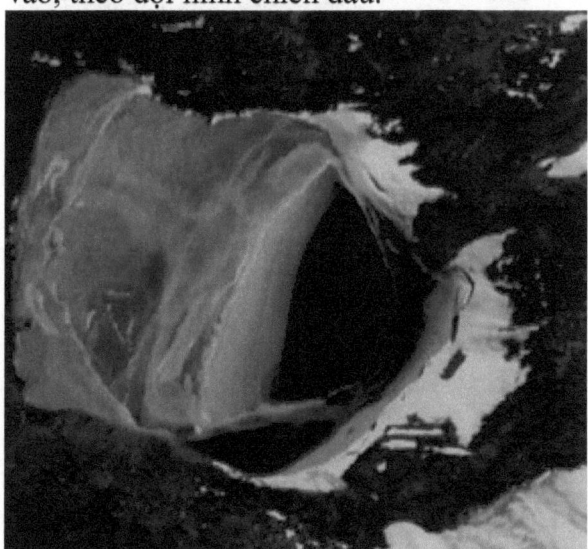

Những phi cơ nầy bị những đĩa bay tấn công. Phần lớn các phi cơ đều bị bắn rơi. Byrd bị bắt và được cho biết, "*Chúng tôi sẽ để ông đi. Hãy trở lại với những người lãnh đạo của ông và nói với họ rằng ông đã không tìm thấy được gì.*"

Khi trở về, Byrd không bao giờ nói về biến cố đó, nhưng ông có đưa ra một cảnh báo được mã hóa (cryptic warning) cho biết rằng thế giới phải luôn luôn sẵn sàng đối phó với một cuộc tấn công từ những vùng cực của trái đất.

2.6 Rendlesham Forest

Đó là ngày 17/12/1980, tại Suffolk, Anh Quốc.

Theo lời Nick Pope, Cựu Bộ Trưởng Quốc Phòng Anh, những binh sỹ không quân Hoa Kỳ đồn trú tại hai căn cứ *RAF Bentwaters* và *RAF Woodridge* nhìn thấy những tia sáng lạ phát ra từ khu rừng Rendlesham gần đó.

John Burroughs và Jim Penniston, cùng với những quân nhân khác tìm cách xin phép đến khu rừng để điều tra những gì mà ban đầu họ tưởng là một máy bay rơi. Khi đi gần đến hiện trường, hai người nầy nhìn thấy trong một vạt trống một *UFO* đáp xuống chứ không phải là một máy bay rơi.

Chương VIII: Khả năng bưng bít

Toán an ninh tiến đến đủ gần để ghi chép những dấu hiệu kỳ lạ trên thân tàu trông giống như những chữ viết tượng hình (Hieroglyphics) cổ Ai Cập.

Charles Halt, Chỉ Huy Phó của căn cứ, tỏ ra hoài nghi... cho đến hai ngày sau, khi người ta nói rằng hai đĩa bay đã trở lại.

Theo Nick Pope, Đại Tá Halt không thể bài bác chuyện đĩa bay nầy được, vì chính mắt ông ta đã nhìn thấy chúng. Theo sau đó là một đoạn phim trung thực do chính Halt thực hiện khi ông đến gần đĩa bay. Đoạn phim cho thấy một quân nhân đang trong một tình trạng gần như hốt hoảng khi chứng kiến đĩa bay.

Halt: *"I see it, too. It's coming this way. It looks like an eye winking at you. He's coming toward us now. Now we're observing what appears to be a beam coming down to the ground."*

(Tôi cũng thấy nó. Nó đi về hướng nầy. Nó trông giống như một con mắt đang nháy với bạn. Nó đang đi đến chúng tôi

bây giờ. Hiện chúng tôi đang quan sát những gì có vẻ như một tia sáng đang chiếu xuống đất.)

Bất chấp những nhân chứng đáng tin cậy như Charles Halt, chính phủ Anh vẫn phủ nhận mọi trường hợp người ta nhìn thấy *UFO* ở Rendlesham Forest.

2.7 The Teheran Diamond

Đó là ngày 19/9/1976 tại Teheran, Iran.

Nhiều người báo cáo đã nhìn thấy một ánh sáng khác thường trên bầu trời bên trên thủ đô Teheran. Không lực Iran cho cất cánh một phản lực cơ để chặn bắt.

Nhưng khi phản lực cơ bay đến gần *UFO* hình thoi khác thường đó, bảng điều khiển của phi cơ bị đóng và những tín hiệu bị rối loạn. Vài lúc sau, một phản lực cơ thứ nhì được lệnh cất cánh để rượt đuổi. Đáp lại, *UFO* đó thậm chí còn cho thấy nhiều hiện tượng nữa không hề thấy trên trái đất.

Khi chiếc *Phantom R-4* bay đến gần vật bay, một *UFO* thứ nhì hiện ra ngay từ bên trong chiếc thứ nhất, và nó thực sự lao thẳng vào chiếc *Phantom F-4*. Bấy giờ viên phi công tưởng đó là một thao tác tấn công. Sau khi chuẩn bị đạn, ông quyết định khai hỏa, và ngay lúc ông sắp sửa bấm nút, mọi thứ đều tắt hết. Viên phi công bèn bay để né tránh, chỉ để nhìn thấy trong hãi hùng *UFO* phóng ra một quả cầu sáng trông giống như mặt trăng, một khối sáng tròn chói chang.

Chương VIII: Khả năng bưng bít

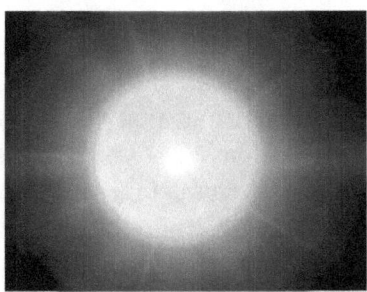

Ông sợ khối cầu sáng đó la một loại vũ khí có thể bắn tung ông ra khỏi bầu trời, nên ông nhanh chóng quay trở lại căn cứ. Nhưng chiếc *UFO* hình thoi và quả cầu sáng biến mất không để lại một vết tích nào.

2.8 The Malmstrom Missiles

Đó là năm 1967 tại Căn Cứ Không Quân *Malmstrom Air Force Base* thuộc tiểu bang Montana. Căn cứ nầy là địa bàn của một phi đội hỏa tiễn đạn đạo liên lục địa (intercontinental ballistic missiles). Đó là một phần trong chương trình phòng thủ hạt nhân của Hoa Kỳ chống lại Liên Xô. Những vũ khí nầy đã được trang bị và sẵn sàng phóng đi lập tức.

Vào buổi sang ngày 16/3/1967, hai lính canh nhìn thấy một sao băng di chuyển theo một đường *zig-zag* lạ lùng qua bầu trời. Vài giây sau, một vật bay thứ nhì xuất hiện.

Hai người ngơ ngát đứng nhìn trong khi hai vật bay bắt đầu phóng nhanh về phía căn cứ. Đột nhiên còi báo động bắt đầu vang lên và tất cả mọi phi đạn nguyên tử trở nên tê liệt. Có vẻ như, bất luận con tàu hay *UFO* nầy là gì, một cách chiến lược, nó đang làm tê liệt trung tâm phi đạn nguyên tử nầy. Nhưng sau đó, cũng bất ngờ như lúc nó hiện ra, *UFO* nầy biến mất về phương xa. Một báo cáo công khai về biến cố nầy khẳng định,

"There were no unusual discrepancies in the missile control circuits."

Theo báo cáo nầy, hệ thống bị đóng không hiểu vì nguyên nhân nào. Đó là một dấu hiệu đáng sợ về thế thượng phong của người hành tinh đối với những vũ khí hùng mạnh nhất của chúng ta.

2.9 The Usovo Incident

Đó là ngày 4/10/1982 tại Usovo, Ukraine.

Dân làng và nhân viên quân đội tại đơn vị báo cáo đã nhìn thấy những ánh sáng kỳ dị trong bầu trời bên trên một căn cứ phi đạn nguyên tử tầm xa ở miền trung nam Ukraine. Chúng phóng qua phóng lại trong một loạt những động tác khiến chóng mặt. Cùng lúc đó, trong giao thông hào dưới lòng đất, bảng điều khiển phi đạn đột nhiên trở nên linh động khác thường. Một ai đó hay một cái gì đó có vẻ như đang nhập viễn liên hàng loạt những mã lệnh khai hỏa phức tạp.

Chương VIII: Khả năng bưng bít

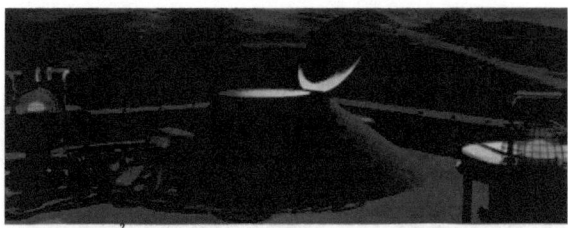

Các phi đạn chuẩn bị khai hỏa. Trong 15 phút nghẹt thở, nhân viên của căn cứ nhìn một cách vô vọng trong khi thế giới đứng bấp bênh trên bờ tận thế. Nhưng, cũng đột ngột những lúc khởi động, bảng điều khiển đột nhiên đóng trở lại, đồng thời trong khi đó, những con tàu ánh sáng nói trên biến mất vào đêm tối. Nếu dựa trên hiểu biết của con người trên trái đất, thì không có một giải thích nào về biến cố khủng khiếp nói trên.

2.10 Roswell

Đó là ngày 7/7/1947 tại Roswell, New Mexico.

Nhiều nhân chứng báo cáo một *UFO* bị rơi trong sá mạc bên ngoài Roswell, New Mexico. Quân đội gởi ngay một toán binh sỹ đến hiện trường. Nhưng họ hoàn toàn bất ngờ trước những gì họ trông thấy.

Theo hạ sỹ Frank Kaufman, một trong những nhân chứng, "*And we learned right away then and there, it wasn't a plane. The craft was open and kind of halfway and one... one body was inside. Then we radioed in to have a truck with a flatbed and a crane and everything else just come out to the site. We prepared to clear everything off.*"

(Và chúng tôi biết ngay đó không phải là một máy bay. Con tàu mở tung ra và gần như đứt làm đôi và... có một tử thi bên trong. Sau đó chúng tôi gọi điện để họ mang đến một xe tải có giường bệnh và một cần cẩu và mọi thứ khác. Chúng tôi chuẩn bị dọn sạch mọi thứ.)

Quân đội Hoa Kỳ vừa khám phá bằng chứng về sự hiện hữu của người hành tinh.

Ngày hôm sau, họ đưa ra một thông cáo báo chí, và chính thông cáo nầy sẽ thay đổi dòng lịch sử của nhân loại. Dưới đây là một đoạn phát thanh ngày 8/7/1947.

"*The Army Air Force has announced that a flying disc has been found and is now in the possession of the army.*"

(Không Quân đã thông báo rằng một đĩa bay đã được tìm thấy và hiện do quân đội nắm giữ.)

Chương VIII: Khả năng bưng bít

Nhân loại sắp đi vào một chương anh dũng mới trong hiện hữu của nó.

Nhưng chỉ một ngày sau thông báo vô tiền khoáng hậu đó, giới quân sự đột nhiên thay đổi câu chuyện, cho rằng con tàu không gì hơn là một khí cầu khí tượng bình thường. Trường hợp Roswell được xem như đã đóng lại.

Trong nhiều thập niên theo sau, Hoa Kỳ làm chủ bầu trời với một phi đội phi cơ kỹ thuật cao mà các chuyên gia tin là đã được chế tạo từ kỹ thuật được khám phá ở Roswell với sự trợ giúp của chính những người hành tinh.

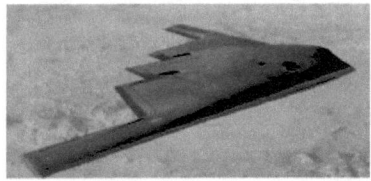 

Ngày nay, Roswell hãy còn là trung tâm chính phủ nổi tiếng nhất về tiến trình đảo ngược kỹ thuật trên những đĩa bay của người hành tinh, và dấy lên nhiều thuyết âm mưu hơn bất kỳ một biến cố nào trong lịch sử *UFO*.

CHƯƠNG IX

Hàng Không Tương Lai

Primary reference:
** *Unsealed: Alien Files*, American Television Series, Season 3, Episode 7. - Mary Carole McDonnell

"Một nỗ lực toàn cầu đã bắt đầu. Những hồ sơ bị bưng bít với công chúng từ nhiều thập niên, với nhiều chi tiết về đĩa bay, hiện đang được phơi bày cho mọi người. Chúng tôi sẽ phơi bày sự thật phía sau những tài liệu mật nầy. Hãy tìm hiểu xem những gì mà chính phủ Hoa Kỳ không muốn cho bạn biết. Unsealed: Alien Files sẽ phơi bày những bí mật lớn nhất trên Trái Đất."
- Mary Carole McDonnell

** *Unsealed: Alien Files* là một bộ phim truyền kỳ Mỹ được trình chiếu lần đầu vào năm 2011 ở Hoa Kỳ. Bộ phim nầy điều tra về những tài liệu liên quan đến các trường hợp nhìn thấy và đối tác với *UFO* được công khai với dân chúng vào năm 2011 dựa theo Đạo Luật *Freedom of Information Act*. Mỗi kỳ (episode) của bộ phim nầy xem xét những trường hợp *UFO* được nhìn thấy, những trường hợp bị người hành tinh bắt cóc, âm mưu bưng bít của chính phủ và tin tức *UFO* khắp thế giới.

1. Tổng quát

Bầu trời của trái đất đang chằn chịt với số lượng phi cơ dân dụng mỗi ngày một gia tăng trong khi con số những trường hợp người ta nhìn thấy các đĩa bay của người hanh tinh cũng gia tăng theo tỉ lệ.

2. Khối lượng hàng không dân dụng

2.1 Những con số

Mỗi ngày hàng triệu người bay lên trời trên cả 100,000 chuyến bay dân dụng khắp thế giới. Theo thống kê, đó là cách du hành an toàn nhất, nhưng bằng chứng thu thập từ nhiều thập niên cho thấy có thể chúng ta không phải là những hành khách không lưu thường xuyên duy nhất.

Càng ngày càng nhiều phi cơ dân dụng hơn đang trực diện với kẻ lạ không thuộc trái đất của chúng ta. Với nhu cầu hành khách đi máy bay giả định sẽ tăng gấp đôi trong 20 năm tới đây, chẳng bao lâu nữa nhân loại đụng đầu với người hành tinh, và có thể họ cũng đã đòi không gian của chúng ta cho chính họ.

Liệu chúng ta đang có nguy cơ mất quyền kiểm soát bầu trời của chúng ta? Các chính phủ hiện biết được bao nhiêu và họ đang che đậy chúng ta những gì? Và họ đang nói với chúng ta những gì, từ những vụ bắt cóc trên không trung đến những vụ gần như tai họa do nhưng kẻ thù vô hình gây ra?

Chương IX: Hàng không tương lai

2.2 Athens, Hy Lạp ngày 11/11/2007

Chuyến bay 266 của Hãng Hàng Không *Olympic Airways* vừa cất cánh trên một chuyến bay khuya để đến London thì phi công phát hiện một cái gì lạ thường về phía tây trông giống như một ngôi sao sáng chói chang khó tưởng với một hình thù thay đổi liên tục; nhưng *radar* của đài kiểm soát phi trường lại nói một chuyện hoàn toàn khác.

Chẳng bao lâu sau đó, hai chuyến bay khác trong khu vực phi trường cũng báo cáo nhìn thấy cùng vật bay đó, và tình hình leo thang xa hơn khi Không Lực Hy Lạp trực tiếp nhìn thấy vật bay từ trạm *radar* đặt cao trên Núi Mount Parnitha gần đó. Nhưng những dụng cụ của họ - cũng như những dụng cụ tại các phi trường - không cho thấy điều gì khác thường.

Hai phản lực cơ chiến đấu *F-16* chuẩn bị cất cánh với mệnh lệnh chặn đầu chiếc *UFO* và xác định danh tánh cụ thể của nó. Nhưng theo các viên chức, sau đó họ trở về căn cứ tay không. Chiếc *UFO* đã biến mất trong đêm.

Chính phủ Hy Lạp tiến hành một cuộc điều tra sự việc, nhưng giữ kín kết quả điều tra hơn một năm mà không giải thích gì cả.

και ο ΠΕΠ του Ελ. Βενιζέλου προς την περιοχή της Καρύστου και ρωτούσε τι κάνουμε εμείς γι αυτό. Σε ερώτηση προς το ΕΚΑΕ επί του θέματος, μας απάντησε ότι δε φαίνεται τίποτα σε κανένα RADAR της ΠΑ.

06:02 Από 2 ΚΕΠ: Σε επικοινωνία με τον Αρχιελεγκτή του 2ου ΚΕΠ (███████) μας επιβεβαίωσε ότι βλέπει αυτός και οι άλλοι συνάδελφοι του ένα φωτεινό αντικείμενο μεγάλο σαν αστέρι που λάμπει έντονα και έχει απροσδιόριστο ύψος και σχήμα. Τον ρωτήσαμε αν μπορεί να το φωτογραφήσει και μας απάντησε ότι το έχουν «τραβήξει» με κάμερα αλλά δε φαίνεται κάτι καθαρά.

06:23 :Από ΕΚΑΕ: Δόθηκε εντολή Α/Γ SCRAMBLE στην 111ΠΜ (2 F-16/111ΠΜ).

06:28 Από ΕΚΑΕ: Α/Γ από 111ΠΜ τα Κεραυνός 02 για περιοχή Αττικής – Μαραθώνα – Καρύστου.

Cuối cùng khi chính phủ vừa phổ biến một báo cáo thì lập tức chỉ vài lúc sau, họ thu hồi nó lại. Sau đó nó xuất hiện trở lại, nhưng những phần quan trọng của tài liệu gốc đã bị xóa đi.

06:00 Από KENA: Όπως τον ενημέρωσε το ΚΕΠΑΘ και ο ΠΕΠ του Ελ. Βενιζέλος το ανωτέρω ιπτάμενο αντικείμενο συνεχίζει να φαίνεται, το βλέπει

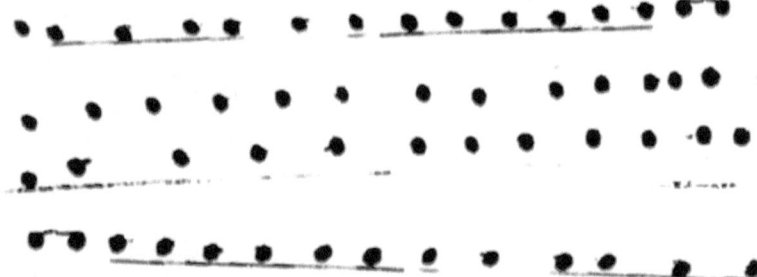

Dứt khoát có một cái gì mà chính phủ Hy Lạp không muốn công chúng biết.

Tuy nhiên, những bản sao bị rò rỉ của tài liệu gốc cho thấy hai trạm *radar* phụ đã theo dõi vật bay và viên sỹ quan trưởng tại trạm *radar* trên núi Mount Parnitha đã nhìn bằng mắt thường khi chiếc *UFO* vụt lên và biến mất với tốc độ khó tin ngay khi chiếc *F-16* đến gần. Nhờ xóa hết bằng chứng then chốt nầy nên chính phủ Hy Lạp kết luận rằng những gì mà các bên đã nhìn thấy thực ra chỉ là hành tinh

Venus - hành tinh nầy, sau mặt trăng, là vật sáng nhất trong trời đêm.

Đó là một vụ bưng bít đáng ngạc nhiên. Nhưng khi xảy ra những trường hợp các phi cơ dân dụng nhìn thấy *UFO* người ta mới biết việc bưng bít như thế không phải mới xảy ra lần đầu. Nếu phi công nào báo cáo về một *UFO* thì uy tín nghề nghiệp của họ có thể bị thiệt hại và có thể bị rút giấy phép hành nghề.

Nhưng một khi những hăm dọa nầy thất bại và họ tiếp tục báo cáo thì chính phủ có cách riêng của họ để đối phó.

2.3 Japan Airlines, Flight 1628

Đó là ngày 17/11/1986 tại Anchorage, Alaska.

Phi công Kenju Terauchi, một cựu phi công chiến đấu với nhiều năm kinh nghiệm phi hành, và một phi hành đoàn chuyến bay 1628 của Hãng Hàng Không *Japan Airlines* đang bay từ Paris đến Narita, Nhật. Đó là một chuyến bay thường lệ, bỗng nhiên hai *UFO* xuất hiện ngay phía trước phi cơ. Phi hành đoàn ngơ ngác nhìn trong khi hai *UFO* sau đó sát nhập với một *UFO* khổng lồ hình quả óc chó (walnut) trước khi chúng biến mất.

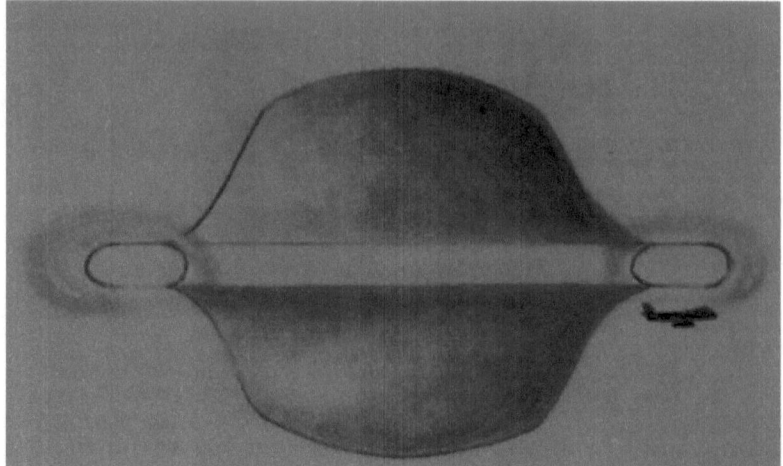

Trong những tuần lễ theo sau biến cố nầy, Terauchi thuật lại câu chuyện khó tin nầy với báo chí Nhật. Thế là đã có thiệt hại do tiết lộ bao chí nên hãng hàng không nhanh chóng sa thải ông.

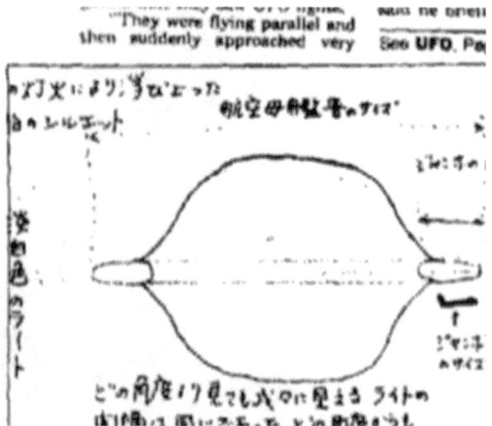

Chương IX: Hàng không tương lai

Một tuần lễ sau, John Callahan, bấy giờ là một trưởng ban thuộc Cơ Quan Quản Trị Hàng Không Hoa Kỳ (Federal Aviation Administration), tham dự một phiên họp đặc biệt của *FBI, CIA*, và chính toán nghiên cứu khoa học của tổng thống để xem xét biến cố Anchorage.

Theo phát biểu của John Callahan,
When they get done, the CIA standing next to me says to the people, "This event never happened. We were never here. We're confiscating all this data and you're all sworn to secrecy."
(*Sau khi xong cuộc họp, gã CIA đứng cạnh tôi nói với mọi người, " Biến cố đó không hề xảy ra. Coi như chúng ta không hề ở đây. Chúng tôi đã tịch thu mọi dữ kiện và tất cả quý vị đã tuyên thệ phải giữ kín bí mật."*
Tại sao chính phủ bưng bít một bằng chứng quá hiển nhiên như thế? Họ sợ dân chúng sẽ nhận ra rằng chúng ta không thể kiểm soát bầu trời của chúng ta? Phải chăng bầu trời của chúng ta không còn thuộc về chúng ta nữa? Và nếu thế thì

những hậu quả tai hại nào có thể đang chờ đợi các hành khách khắp thế giới?

2.4 Melbourne, Úc, October 21, 1978

Phi công Frederick Valentich, 20 tuổi, cất cánh trên một chuyến đêm bay để xuyên qua eo biển giữa miền nam Úc và Tasmania. Nơi đến của anh nằm gần Đảo *King Island*. Sau khi bay được 45 phút, Valentich gọi cho giới chức hàng không địa phương để hỏi xem có phi cơ nào đang có mặt trong vùng phụ cận hay không. Họ không nhìn thấy gì trên *radar*, nhưng Valentich nói rằng anh đã phát hiện một con tàu lạ rất lớn đang bay khoảng 1,000 feet bên trên và nó có vẻ đang bay theo anh.

Những nhân viên kiểm soát không lưu vô cùng thất vọng khi nghe như thế khi viên hi công trẻ mô tả khung cảnh kinh hoàng đang diễn ra. Chiếc *UFO* phóng nhanh đến phi cơ của anh và bắt đầu thực hiện một loạt động tác tiếp cận nguy hiểm. Anh mô tả con tàu dài, với bề ngoài bằng kim loại sáng chói. Đài kiểm soát trả lời và hỏi Valentich sẽ hành động ra sao. Anh trả lời rằng anh muốn tiếp tục bay đến Đảo *King Island*. Vài lúc sau, viên phi công trẻ gọi và báo cáo chiếc *UFO* đang lơ lửng bên trên phi cơ anh một lần nữa, cho biết thêm rằng đó dứt khoát không phải là một phi cơ. Đó có lẽ là lần gọi cuối cùng của anh.

Sau đó, trạm kiểm soát nghe thấy một loạt những tiếng kim khí va nhau inh tai rồi im lặng tiếp theo. Những toán cấp cứu trên không và dưới biển nhanh chóng tung ra để tìm kiếm tung tích của Valentich và chiếc phi cơ của anh, nhưng chẳng có vết tích gì để lại.

Báo cáo chính thức về sự mất tích của anh không đưa đến kết luận nào. Và bất chấp bằng chứng về *UFO* từ băng thu âm, trường hợp được xem như đã đóng.

Chương IX: Hàng không tương lai

Frederick Valentich là phi công duy nhất một mình bay một phi cơ nhỏ.

Những gì có thể xảy ra nếu một *UFO* cố bắt cóc một phi cơ thương mại chở hàng trăm hành khách? Sự thật là: chuyện đó lý ra có thể đã xảy ra rồi.

2.5 Flight 94

Đó là ngày 12/3/1977 tại Syracuse, New York.

Một phản lực cơ *DC-10* chở 200 hành khách đang bay tự động từ Boston đến San Francisco bỗng nhiên chuyển trái 15 độ ngoài dự tính. Hệ thống lái tự động thường được kiểm soát bởi một địa bàn được lắp đặt ở đầu cánh trái, nhưng nhìn xuyên suốt cánh. Phi công Neil Daniels và hai sỹ quan đồng sự trên chuyến bay nhận thấy tình hình bất bình thường. Tất cả họ nhìn thấy một *UFO* mà sau nầy Daniels mô tả như một đèn bấm sáng lòe, và có vẻ như đang kéo chiếc DC-10 theo một hướng được định sẵn. Thế là số phận của chiếc phản lực và tất cả những hành khách trên tàu đều nằm trong quyền sinh sát của một sinh vật thông minh người hành tinh.

Hành khách và các tiếp viên không hề hay biết về bi kịch đang xảy ra trong phòng lái. Suốt ba phút hãi hùng, phi hành đoàn rối rít cố lấy lại kiểm soát trong khi chiếc phi cơ bị kéo về một số phận vô định. Nhưng sau đó, cũng nhanh chóng như khi nó xuất hiện, chiếc *UFO* buông tha chiếc phản lực và biến mất vào phương xa phía sau. Daniels lái chiếc phi cơ trở lại hướng cũ và chuyến bay tiếp tục không gặp một biến trở nào khác. Nhưng biến cố đó sẽ ảnh hưởng trên viên phi công và phi hành đoàn suốt đời.

Daniels được cảnh cáo phải im lặng về biến cố đó nếu không sẽ bị sa thải khỏi hãng hàng không. Ông chỉ thuật lại câu chuyện nầy với công chúng sau khi về hưu. Cho đến nay, những người còn lại trong phi hành đoàn đều từ chối mọi bình luận.

Phải chăng biến cố xảy ra cho chuyến bay *Flight 94* là một vụ bắt cóc không thành, một vụ bắt cóc đại quy mô lần này? Hay có một bí ẩn nào khác? Có thể nào những hành động nầy của người hành tinh thực sự là những đe dọa nhằm xua đuổi chúng ta ra khỏi bầu trời mà họ đã tuyên bố là của chính họ? Và phải chăng Frederick Valentich đã trả cái giá tối hậu do từ chối quay đầu trở lại sau khi đã thực sự được cảnh cáo?

2.6 Beebe, Arkansas, December 31, 2010

 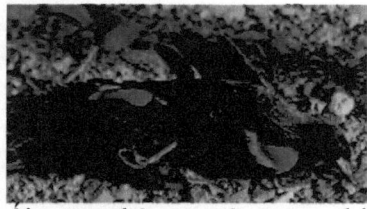

Ngay trước 10:30 p.m. đêm cuối năm, hàng ngàn con chim đen cánh đỏ từ trên trời rơi xuống trên một khu vực rộng lớn. Những đường dây khẩn cấp bật sáng khi các công dân hoảng hốt gọi vào báo cáo trận đại hồng thủy của những xác chim rải rác trên sân cỏ và mái nhà của họ.

> **911 Dispatcher:**
> "Beebe Police Department, can I help you?"
>
> **Caller:**
> "Yes ma'am, I was wondering why all the birds are just like dying?"
>
> **911 Dispatcher:**
> "We are trying to find that out."

Một số người tin rằng những con chim bị ngộ độc. Những người khác cho rằng pháo bông Giao Thừa đã làm cho những con chim hoảng sợ đến chết. Nhưng cuộc điều tra hình sự cho thấy một nguyên nhân khác. Họ không tìm ra một chỉ dấu nào về chất độc trong bất kỳ mẫu giảo nghiệm nào, nhưng họ tìm được hiện tượng chả máu nội thương (internal hemorrhaging) do chấn thương (trauma). Tất cả những con chim đều va chạm với một cái gì trong bầu trời. Một phân tích bằng *radar* về bầu trời bên trên Beebe trong đêm đó cho thấy một điều hết sức kinh ngạc. Đó là một hình thù quái dị khổng lồ lập ló trên vùng sát hại.

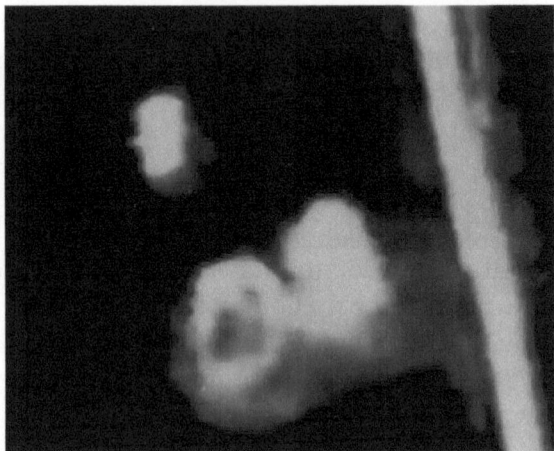

Nhưng đó là vật gì đang ẩn núp trong bầu trời đêm trên không phận miền nam Hoa Kỳ? Một số chuyên gia tin rằng họ đã biết rõ.

2.7 The Stephenville Lights

Đó là ngày 8/1/2008 tại Stephenville, Texas.

Chương IX: Hàng không tương lai

Nhiều nhân chứng nói rằng họ nhìn thấy những ánh sáng bí ẩn trên bầu trời. Cùng lúc đó, Steve Allen đang bay một máy bay nhỏ trong khu vực. Ông cũng nhìn thấy những ánh sáng đó, mà về sau ông mô tả như những quả cầu sáng (glowing orbs).

Nhưng sau đó, ông chợt nhận ra những khối cầu đó đang bay theo đội hình trước khi xuất hiện một *UFO* khổng lồ mà Allen ước tính dài nửa dặm và rộng cả dặm.

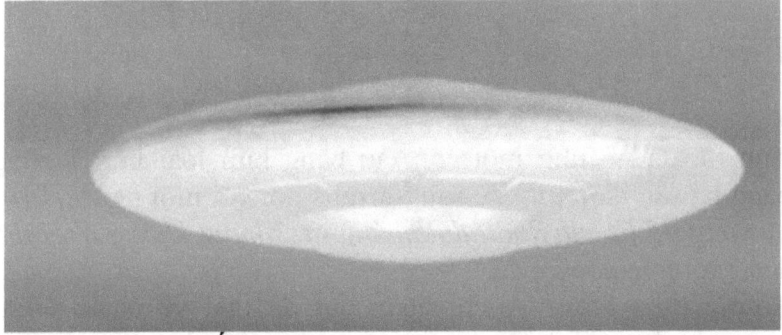

UFO đó trông giống như một con tàu chỉ huy, trên đó không chỉ có một tàu con mà còn có một tàu con khác nữa bay ra từ phía bên kia.

Rick Sorrells đang đi săn trong rừng bỗng nhiên anh cũng chứng kiến con tàu mẹ đang bay khoảng 300 *feet* trên đầu.

Anh mô tả nó như một con tàu bằng kim loại liền lĩ rộng bằng ba sân *football*. Về sau Sorrells nói với mọi người, "*Tôi hy vọng đó là của quân đội chúng ta. Nhưng không phải thế nên chúng ta có vấn đề.*"

Nhưng theo Steve Allen, quân đội đã biết về chiếc *UFO* khổng lồ đó. Khi thấy nó, anh cũng nhìn thấy hai phản lực cơ đang ráo riết đuổi theo. Những dữ kiện *radar* của Cơ Quan Quản Trị Hàng Không Liên Bang xác nhận những báo cáo tận mắt, cho thấy một vật bay lạ quái dị khổng lồ bên trên khu vực Stephenville đêm đó.

Giới quân sự Hoa Kỳ tuyên bố không hay biết gì về bất kỳ hoạt động nào trong khu vực. Nhưng một cuộc điều tra độc lập thuộc Hệ Thống *Mutual UFO Network* được nói đã khám phá ra bằng chứng cho thấy thông tin *radar* do các phi cơ quân sự thu thập được trong khu vực đêm đó có thể đã bị xóa một cách khó hiểu. Nhưng làm thế nào một con tàu mẹ có thể bay trong bầu trời của chúng ta mà không bị phát hiện?

Theo Nick Pope, nguyên Bộ Trưởng Quốc Phòng Anh, một số người tin có *UFO* chỉ ra sự kiện rằng những hình ảnh thuyết phục nhất chỉ xuất hiện sau biến cố, và các nhân chứng không thấy gì bất thường ngay lúc xảy ra. Điều đó có nghĩa là những *UFO* được ngụy trang theo một cách nào đó?

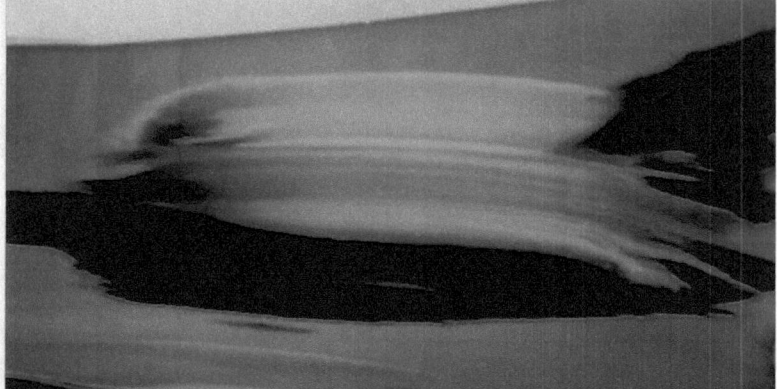

Một số người tin rằng các *UFO* có thể che giấu sự hiện diện của chúng để chúng không thể bị các nhân chứng nhìn thấy.

3. Viễn tượng nhân loại

3.1 Xâm lăng không phận

Phải chăng những con tàu mẹ *UFO* lấp ló trong bầu trời của chúng ta, hiện ra rồi biến mất theo ý muốn? Và nếu sự kiện hàng loạt chim chết như ở Beebe, Arkansas, được biết xảy ra khắp thế giới, thì có thể có bao nhiêu con tàu mẹ như thế? Nhiều thập niên va chạm giữa những phi cơ dân dụng và *UFO* khiến nhiều chuyên gia tin rằng người hành tinh đã xâm lăng không phận của chúng ta và thiết lập sự hiện diện thường xuyên của họ ở đó. Nhưng những gì sẽ xảy ra nếu chúng ta xâm lăng không phận của họ? Họ sẽ phản ứng ra sao? Nhiều chuyên gia nghĩ rằng chúng ta thực sự có thể đã biết câu trả lời kinh hoàng của họ.

3.2 Apollo 11

Vào ngày 20/7/1969, Phi thuyền Apollo 11 đã đáp xuống mặt trăng, một biến cố cột mốc trong lịch sử nhân loại và được phát sóng cho hàng triệu người khắp thế giới. Nhưng tiến trình truyền tin từ con tàu đã bị mất trong hai phút, và nội dung truyền tin trong hai phút đó có thể định đoạt tương lai của nhân loại.

Chương IX: Hàng không tương lai

Theo Michael Salla, PhD, thuộc Viện *Exopolitics Institute*, hiện nay đã có một số kênh truyền thông không chính thức được lao truyền cho rằng họ đã nhìn thấy hai *UFO* bay bên trên một hố trên mặt trăng, cùng với những kiến trúc khác. *NASA* về sau quy trách việc hỏng truyền tin cho một trục trặc đơn giản của máy thu hình. Nhưng có thể đó là do một nguyên nhân khác? Có thể nào những người hành tinh đã phá hoại máy thu hình để che đậy sự hiện diện của họ với người trái đất?

NASA đã không trở lại mặt trăng từ năm 1972. Biết đâu họ có thể đã bị những người hành tinh đã thiết lập ở đó cảnh cáo phải vĩnh viễn đứng? Và những gì sẽ xảy ra nếu chúng ta không tuân theo cảnh cáo đó?

Gần đây Trung Quốc loan báo những tham vọng lớn lao hơn nhiều trong chương trình không gian của họ, kể cả việc tiến hành một sứ mạng có người (manned mission) đến mặt trăng vào năm 2020. Một số chuyên gia tin rằng sứ mạng đó dự trù sẽ thiết lập những hoạt động vĩnh viễn nhằm khai thác mỏ vệ tinh thiên nhiên của trái đất; nhưng nhiều người trong cộng đồng *UFO* sợ rằng, khi người Trung Quốc đáp xuống, họ sẽ thấy sự hiện diện của một giống người của một thế giới khác đã chiếm cứ những tài nguyên mỏ của mặt trăng cho chính họ. Sự đáp trả của người hành tinh sẽ ra sao ở đây trên trái đất nếu chúng ta một lần nữa vi phạm không phận của họ trên mặt trăng?

CHƯƠNG X

UFO xuất hiện hàng loạt

Primary reference:
** Unsealed: Alien Files, American Television Series, Season 3, Episode 8. - Mary Carole McDonnell

"Một nỗ lực toàn cầu đã bắt đầu. Những hồ sơ bị bưng bít với công chúng từ nhiều thập niên, với nhiều chi tiết về đĩa bay, hiện đang được phơi bày cho mọi người. Chúng tôi sẽ phơi bày sự thật phía sau những tài liệu mật nầy. Hãy tìm hiểu xem những gì mà chính phủ Hoa Kỳ không muốn cho bạn biết. Unsealed: Alien Files sẽ phơi bày những bí mật lớn nhất trên Trái Đất."
- Mary Carole McDonnell

** *Unsealed: Alien Files* là một bộ phim truyền kỳ Mỹ được trình chiếu lần đầu vào năm 2011 ở Hoa Kỳ. Bộ phim nầy điều tra về những tài liệu liên quan đến các trường hợp nhìn thấy và đối tác với *UFO* được công khai với dân chúng vào năm 2011 dựa theo Đạo Luật *Freedom of Information Act*. Mỗi kỳ (episode) của bộ phim nầy xem xét những trường hợp *UFO* được nhìn thấy, những trường hợp bị người hành tinh bắt cóc, âm mưu bưng bít của chính phủ và tin tức *UFO* khắp thế giới.

1. Tổng quát

Ngày nay *UFO* không chỉ xuất hiện từng chiếc mà xuất hiện từ đợt nầy đến đợt khác trong cùng một không phận. Đó là một ác mộng. Những đường dây cấp báo bị tràn ngập bởi những đợt gọi khi các *UFO* xuất hiện trong bầu trời, bay nhanh quá nên nhà chức trách không thể theo dõi kịp. Tình hình tỏ ra khó tin đến gần như hoang tưởng. Nhưng càng ngày càng có nhiều bằng chứng cho thấy rằng những đợt *UFO* là những hiện thượng có thực có thể xâm nhập không phận được kiểm soát chặt chẽ nhất trên thế giới.

Một phi đội *UFO* đã xâm phạm vùng trời bên trên Washington DC. Chúng bay bên trên Điện Capitol, trên Ngũ Giác Đài. Hàng trăm người đã chứng kiến.

Nhưng cái gì đứng phía sau những đợt hoạt động xâm nhập ồ ạt của người hành tinh? Phải chăng đó là một biểu mẫu về vị trí và thời gian mà chúng xuất hiện? Phải chăng họ đang tạo nên một đe dọa cho nhân loại? Chương nầy sẽ giúp khám phá những bí mật kinh hồn về những đợt *UFO*, từ buổi sơ khởi của thời đại nguyên tử đến những cuộc du hành kỳ dịu xuyên qua những chiều vô hình.

2. Những trường hợp

2.1 Eupen, Bỉ
Đó là ngày 29/11/1989 tại Eupen, Bỉ.
Hai sỹ quan cảnh sát đang tuần tra trên một hương lộ vào lúc chiều tối bỗng phát hiện một cánh đồng gần đó được chiếu sáng bởi một luồn ánh sáng chói chang mà về sau họ nói họ có thể đọc báo được nhờ ánh sáng đó.

Chương X: UFO hàng loạt

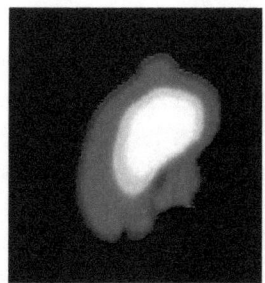

Khi đến nơi, họ sững sốt nhìn thấy một *UFO* khổng lồ hình tam giác lơ lửng trên đầu.

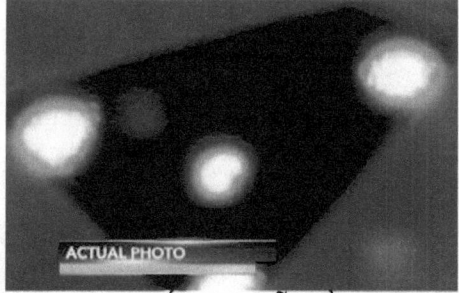

Bên dưới là những đèn gắn tại mỗi đầu của ba cánh, và một đèn chớp đỏ nằm ngay chính giữa. Chiếc *UFO* bắt đầu im lặng trôi về phía Eupen với các cảnh sát đuổi theo sau. Ở đó, nó bay lơ lửng bên trên một tỉnh lị đang hốt hoảng hơn 30 phút. Tính đến cuối đêm, người ta ước tính khoảng 1,500 nhân chứng, kể cả 15 cảnh sát, đã báo cáo biến cố, một trong những trường hợp nhìn thấy *UFO* tập thể lớn nhất trong lịch sử.

Nhưng đối với nước Bỉ, đó chỉ là vụ đầu tiên. Trong hai năm sau đó, quốc gia nầy kinh qua một loạt bất tận những trường hợp nhìn thấy *UFO* khiến các chuyên gia bối rối. Vào lúc mà những đợt chứng kiến chấm dứt vào cuối năm 1991, có khoảng 13,000 người cho biết đã chứng kiến một *UFO*. Những người hoài nghi sẽ nói những vật bay như thế là những phi cơ tàng hình (stealth aircraft) của Hoa Kỳ đang thao diễn thường lệ, nhưng Không Lực Hoa Kỳ phủ nhận bất kỳ một phi cơ nào bay trong khu vực liên quan lúc đó.

Đợt chứng kiến ở Bỉ chỉ là một trong nhiều đợt đã xảy ra trong bảy thập niên qua trên các bầu trời khắp thế giới.

Nhưng cái gì đứng phía sau những đợt hoạt động bất ngờ đó của người hành tinh? Phải chăng họ đang có một mục đích gì bí mật? Và quan trọng hơn cả, họ có tạo nên một hiểm họa cho hành tinh của chúng ta hay không? Tiến trình tìm kiếm câu trả lời bắt đầu với chính làn sóng đã khởi xướng.

2.2 *UFO* Wave 1947

Đó là ngày 23/6/1947 tại Bakersfield, California.

Richard Rankin, một phi công giàu kinh nghiệm, phát hiện một đội hình khác lạ gồm 10 đĩa màu bạc trong bầu trời, đang phóng nhanh về phía bắc với tốc độ từ 300 đến 400 *miles*/giờ. Chúng trông không giống bất kỳ một phi cơ nào mà ông đã thấy trước đó. Ông sợ báo cáo một câu chuyện quái đản như thế có thể phương hại đến uy tín và nghề nghiệp của ông. Rankin quyết định chờ xem có ai khác báo cáo một hiện tượng tương tự như thế hay không. Ông không phải chờ lâu.

2.3 Mount Rainier, Washington

Đó là ngày 24/6/1947.

Phi công Kenneth Arnold đang bay trong một sứ mạng nghiên cứu và cấp cứu bỗng ông nhìn thấy một chuỗi *UFO*

Chương X: UFO hàng loạt

gồm chín chiếc bay theo một đội hình chặt chẽ không thể tưởng, trông giống như chỉ có một chiếc thôi và bay với một vận tốc siêu âm.

Ông thuật lại với báo chí, và từ đó mới có thuật ngữ *flying saucer*.

Đó là một thời điểm nêu mốc, nhưng đợt UFO của năm 1947 chưa chấm dứt. Chỉ hai tuần lễ sau, đợt UFO của năm 1947 đạt đỉnh cao với một biến cố khiến thay đổi dòng lịch sử Hoa Kỳ.

2.4 Roswell, New Mexico (revisited)

Đó là ngày 8/7/1947.

Radio: *July 8, 1947. The Army has announced that a flying disk has been found and is now in the possession of the Army. (Ngày 8/7, 1947. Quân đội thông báo một đĩa bay đã được tìm thấy và hiện được quân đội nắm giữ.)*

Một số nhân chứng báo cáo một vật lạ bị rơi trong sa mạc bên ngoài Roswell, New Mexico. Quân đội phái một nhóm binh sỹ đến điều tra. Nhưng về sau có tin đồn về những thi thể cũng được tìm thấy tại hiện trường đĩa bay rơi.

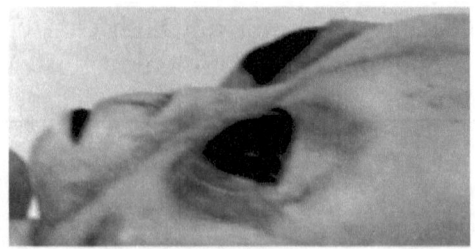

Nhưng chỉ một ngày sau khi thông báo việc thu hồi một đĩa bay, giới quân sự rút lại tuyên bố đó, gọi vật rơi chỉ là một khí cầu thời tiết (weather balloon), khởi động nhiều thập niên lừa dối của chính phủ về vấn đề *UFO*.

Nhưng cái gì có thể khiến người hành tinh bước ra khỏi bóng tối vào thời điểm lịch sử đặc biệt nầy?

2.5 Alamogordo, New Mexico

Đó là ngày 16/7/1945. Quân Đội Hoa Kỳ châm ngòi vũ khí nguyên tử đầu tiên của thế giới, vũ khí khiến Dr. Robert Oppenheimer, giám đốc dự án, phải nói ra, *"I'm become death, the destroyer of worlds."*

Chương X: UFO hàng loạt

Trái đất đã bước vào thời đại nguyên tử, và nhân loại hiện nay có những phương tiện để tự tận diệt và biến toàn bộ hành tinh thành một vùng đất hoang không thể cư ngụ được. Nhân loại hiện nay đang đọ sức với một thế lực hùng mạnh nhất vũ trụ. Nhiều chuyên gia tin rằng đây là lúc những người hành tinh bắt đầu nghiêm chỉnh nhìn vào nền văn minh nhân loại. Hiện nay nhiều chuyên gia tin chắc sự xuất hiện hàng loạt những *UFO* có liên quan với những bước tiến không thể tưởng tượng về canh tân kỹ thuật của con người và đó không phải là sự xuất hiện cuối cùng.

Trong thập niên 1950, có lẽ Hoa Kỳ đã trải qua một giai đoạn hiện đại hóa chưa từng thấy. Vào cuối thập niên đó, quốc gia nầy là cường quốc đương nhiên của thế giới. Trong khi ngăn chặn một cuộc xung đột nguyên tử với Liên Xô, Hoa Kỳ không có một sức cản nào trong xu thế vươn lên của họ như một siêu cường. Nhưng một biến cố sẽ thay đổi tình hình đó.

2.6 Syracuse, New York (revisited)

Đó là ngày 9/11/1965.
Hàng trăm người khắp miền đông bắc Hoa Kỳ đã chứng kiến một *UFO* mà nhiều người mô tả như một quả cầu lửa hình vòm (dome-shaped fireball).

Cùng lúc đó, bên trên Tidioute, Pennsylvania, một phi cơ nhỏ bị hai *UFO* rượt đuổi. Các phản lực cơ của Không Quân cất cánh cứu nguy, nhưng khi các phản lực cơ bắn vào mục tiêu, hai *UFO* tăng tốc và biến mất. Miền đông nam Hoa Kỳ bị tê liệt trong tình trạng hốt hoảng về *UFO*, nhưng có lẽ không một ai có thể tiên đoán những gì sẽ xảy ra tiếp theo. Chẳng bao lâu sau 5:00 p.m., giờ Miền Đông, vùng Đông Nam Hoa Kỳ và Canada bị mất điện trong một khu vực bao la. Suốt 13 tiếng, khoảng 30 triệu người khốn khổ vì không có điện. Phải chăng đó là một cuộc đọ sức, để chứng minh rằng bất kỳ những gì con người có thể xây dựng, người hành tinh có thể lấy đi trong nháy mắt?

Hai thập niên sau, một làn sóng *UFO* cũng làm như thế và hơn thế nữa. Bấy giờ Reagan đang trong nhiệm kỳ đầu của ông như là Tổng Thống Hoa Kỳ. Căng thẳng Chiến Tranh Lạnh lên đến đỉnh cao chưa từng thấy kể từ cuộc khủng hoảng hỏa tiễn ở Cuba (Cuban Missile Crisis). Năm đó cũng xảy ra một loạt những vụ chứng kiến *UFO* hết sức quái đản ở Liên Xô.

2.7 Black Sea (revisited)

Đó là ngày 10/2/1982.

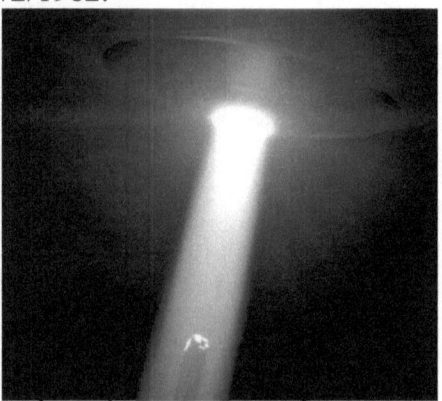

Sáu thủy thủ biến mất trong khi điều tra vụ một chiếc tàu được báo cáo hỏng máy. Những thủy thủ nầy được giả định đã chết, nhưng, như một phép lạ, họ tái xuất hiện 5 ngày sau đó và biết họ đã bị người hành tinh kéo lên một *UFO*.

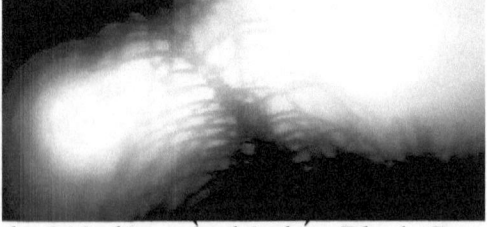

Tại Voronezh, 200 dặm về phía bắc Black Sea, hai binh sỹ đang lái xe *jeep* qua một cánh đồng ban đêm, bất ngờ họ nhìn thấy một tia sang lóe mắt chiếu từ bầu trời đêm. Tia sáng di chuyển qua lại tựa như đang tìm kiếm một cái gì.

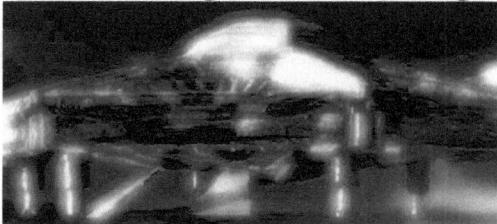

Một lúc sau, một đĩa bay khổng lồ, rộng khoảng 400 *feet* và cao hơn 200 *feet*, đáp xuống cánh đồng trước mặt họ. Hai người lính tiếp tục ngơ ngác nhìn khi một cánh cửa mở ra và một số người hành tinh cao xuất hiện.

Họ đi bộ chung quanh con tàu một vài lúc trước khi lên tàu trở lại và bay đi vào trong đêm.

Một chuỗi biến cố liên tục về *UFO* khắp *Black Sea* suốt mùa xuân và mùa hè lên đến đỉnh cao của các trường hợp đối diện đáng sợ nhất trong lịch sử với các *UFO*.

2.8 Usovo Incident (revisited)

Đó là ngày 4/10/1982, tại Usovo ở Nga. Người ta chúng kiến những khối ánh sang kỳ dị phóng qua phóng lại trên căn cứ phi đạn nguyên tử gần đó. Bỗng nhiên, bảng điều khiển phi đạn hoạt động nhộn nhịp và những mã lệnh phóng phi đạn phức tạp bắt đầu mở khóa hệ thống an ninh.

Một ai đó hay một cái gì đó đang chuẩn bị phóng các phi đạn. Nếu các phi đạn được phóng đi thì việc trả đũa dứt khoát sẽ xảy ra lập tức, đưa đến đại họa tương sát. Suốt 40 giây đứng tim, nhân viên của căn cứ tuyệt vọng đứng nhìn. Nhưng đột nhiên tiến trình phóng phi đạn đóng lại và những đĩa bay biến mất.

Phải chăng người hành tinh đang thao túng sự phát triển kỹ thuật nguy hiểm nhất của chúng ta?

Theo Nick Pope, nguyên Bộ Trưởng Quốc Phòng Anh, một trong những lãnh vực quan tâm hàng đầu của họ là kỹ thuật của chúng ta: những trạm năng lượng nguyên tử, những giàn phi đạn, những căn cứ quân sự.

Chương X: UFO hàng loạt

Phải chăng người hành tinh đang cố gởi cho chúng ta một thông điệp về những thử nghiệm tự diệt nguy hiểm của chúng ta? Hay, cũng như vụ mất điện ở New York, đó chính là một màn biểu dương sức mạnh?

Bắt đầu từ cuối thập niên 1940, thế giới đã kinh qua những đợt định kỳ trong hoạt động cao độ của các *UFO*. Nhiều chuyên gia tin rằng chúng có thể liên quan trực tiếp với những tiến bộ đột biến trong kỹ thuật của con người. Nhưng chính phủ Hoa Kỳ biết được bao nhiêu về những làn sóng *UFO*? Hóa ra, họ đã im lặng điều tra những hiện tượng nầy hơn 60 năm.

2.9 The Washington *UFO* flap

Đó là ngày 12/7/1952, khi mà cường độ Chiến Tranh Lạnh đang dâng cao tột đỉnh và thủ đô Hoa Kỳ là không phận được bảo vệ chu đáo nhất thế giới. Nhưng vào đêm 12/7, đài kiểm soát không lưu tại phi trường *Washington National Airport* phát hiện 7 *UFO* trên *radar*. Một nhân viên kiểm soát không lưu nhìn thấy tận mắt một trong những *UFO*. Sau đó những đĩa bay làm chuyện khó tin và đột ngột chuyển hướng sang Tòa Bạch Ốc. Một trong số những nhân chứng báo cáo động thái của nó là hoàn toàn quái lạ so với những động thái của các phi cơ thường. Các phản lực cơ cất cánh và rượt đuổi ráo riết. Chiếc đĩa bay bí ẩn biến mất khỏi màn *radar*. Nhưng các *UFO* chưa chịu buông tha Washington. Hết đợt nầy đến đợt khác với những *UFO* tương tự tiếp tục đe dọa thủ đô Hoa Kỳ trong ba tuần lễ sau đó và biến cố nầy mang *tên The Washington UFO flap*. Thành phố hốt hoảng nầy muốn có câu trả lời.

Điều mà đa số người không biết, giới quân sự tiến hành Dự Án *Project Stork* nhằm khám phá biểu mẫu của những trường hợp chứng kiến *UFO*. Dự án nầy kết luận rằng những báo cáo *UFO* từ năm 1952 ba lần cao hơn 5 năm trước đó. Hoa Kỳ rõ ràng nằm giữa một làn sóng *UFO*.

Bất chấp những bằng chứng hiển nhiên cho thấy ngược lại, quân đội Hoa Kỳ công khai phủ nhận việc Hoa Kỳ đang chứng kiến sự hiện diện của người hành tinh tấn công. Tại sao chính phủ Hoa Kỳ phủ nhận những kết quả tìm thấy trong biến cố *Washington Flap*? Phải chăng họ sợ việc khám phá những đợt *UFO* có thể tạo nên tình trạng hốt hoảng lan rộng? Câu hỏi nầy vẫn chưa được trả lời: liệu sự bưng bít đã đặt thế giới vào hiểm họa? Nhiều thập niên đã trôi qua, cùng với vô số đợt hoạt động của các *UFO*. Nhưng mãi đến thập niên 1990 mới có một quốc gia bên kia Đại Tây Dương công khai công nhận sự hiện hữu của những làn sóng *UFO*.

2.10 The Cosford Incident (revisited)
Đó là tháng 3/1993 tại Somerset, Anh Quốc.

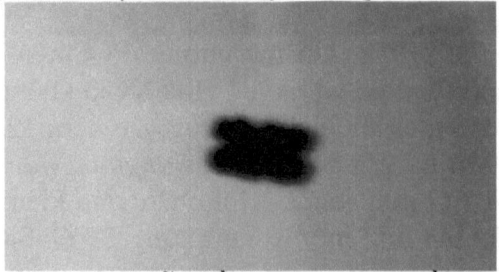

Một sỹ quan cảnh sát dẫn đầu một nhóm tuần tra bên ngoài, bỗng nhìn thấy một vật bay lạ mà ông mô tả như "*Two concordes flying side by side and joined together.*"
Ngay sau đó, đường dây nóng *UFO* của Bộ Quốc Phòng tràn ngập với những đợt gọi điện thoại của các cư dân địa phương. Người đứng đầu Bộ Quốc Phòng lúc bấy giờ là Nick Pope. Theo lời ông,
 "*This was a wave of sightings throughout the United Kingdom that took place over a period of around six hours.*

Chương X: UFO hàng loạt

There were several dozen witnesses, including numerous police officers and air force personnel."
(Có hàng chục trường hợp nhìn thấy UFO khắp Anh Quốc xảy ra trong một giai đoạn khoảng 6 tiếng. Có hàng chục nhân chứng, kể cả nhiều sỹ quan cảnh sát và nhân viên không quân.)

Những trường hợp quân đội nhìn thấy *UFO* chủ yếu xảy ra trên không phận của Căn Cứ Không Quân *Royal Air Force* tại Cosford, cách chỗ nhìn thấy đầu tiên khoảng 150 dặm về phía bắc. Nhưng đối với Pope, trường hợp nổi bật nhất trong số các trường hợp đến từ một sỹ quan thiên thạch học tại căn cứ *RAF Shawbury* gần đó. Theo Nick Pope,

An air force officer with eight years experience described to me an object which he said was quite unlike anything that he had seen in his entire air force career.
(Một sỹ quan với tám năm kinh nghiệm đã mô tả với tôi một vật bay mà ông nói trông không giống bất kỳ thứ gì ông đã nhìn trong thấy suốt cuộc đời binh nghiệp không quân của ông.)

Đó là một *UFO* khổng lồ hình tam giác, sà xuống đất tựa như tìm kiếm một cái gì. Đĩa bay khổng lồ đó từ từ di chuyển về hướng căn cứ trước khi đột ngột tắt đèn và phóng ra khỏi chân trời, nhanh hơn bất kỳ một phi cơ quen thuộc nào. Biến cố nầy khiến sỹ quan không quân nói trên vô cùng bối rối. Cũng theo Nick Pope,

When I interviewed the witness the morning after this sighting, his voice was still shaking.

(Khi tôi phỏng vấn nhân chứng sáng hôm sau, giọng nói của anh ta hãy còng run.)

Chỉ con số những nhân chứng UFO tại Cosford không thôi cũng buộc giới quân sự phải thú nhận rằng một vật bay lạ không rõ nguồn gốc đang hoạt động trên không phận nước Anh.

3. Vũ trụ đa chiều

Bằng chứng cho thấy rằng sự xuất hiện khắp hành tinh của những làn sóng *UFO* đầy đe dọa có thể liên quan đến tiến bộ kỹ thuật nhanh chóng của nhân loại. Phải chăng đang có một tiến bộ khoa học lớn lao khác nơi chân trời có thể khởi động làn sóng hoạt động mãnh liệt tiếp theo của những *UFO*? Theo một số chuyên gia, hiện có, và tất cả rồi đây có thể cho thấy bí mật phía sau kỹ thuật hùng mạnh nhất của người hành tinh. Thế giới thường tự hỏi làm thế nào những *UFO* và người hành tinh có thể xuất hiện và biến mất một cách tùy tiện. Nhiều người tin rằng họ thực sự không du hành xuyên qua không gian và thời gian theo cùng cách như những phi cơ của chúng ta. Thay vì thế, có vẻ như họ xuất hiện và biến mất bằng cách nhảy vọt giữa các chiều vũ trụ.

Nick Pope cho biết: *We're clearly dealing with a technology way ahead of anything that we have.*

(Chúng ta đang đối mặt với một kỹ thuật vượt xa bất kỳ những gì chúng ta đang có.)

Con người sống trong một thế giới ba chiều: chiều cao, chiều rộng, và chiều sâu (height, width, and depth) và chiều thứ tư mà chúng ta gọi là thời gian.

Chương X: UFO hàng loạt

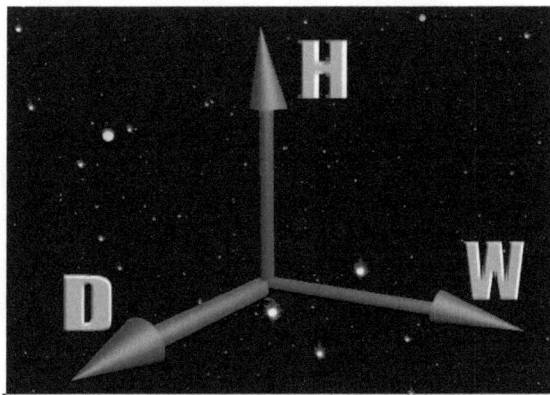

Nhưng gần đây các khoa học gia làm việc tại Trung Tâm *Large Hadron Collider* thuộc Tổ Chức *CERN* (*Organisation européenne pour la recherche nucléaire*) có trụ sở ở Thụy Sỹ đang ráo riết tìm kiếm bằng chứng cho thấy vũ trụ có hơn bốn chiều. Bên trong vành chạm (collider), các đơn tử bị nghiền nát ra từng mảnh ở phương tốc gần bằng vận tốc ánh sáng.

Các chuyên gia dự đoán những kết quả của những đối tác nầy có thể sớm cho thấy ít nhất 7 chiều nữa bên kia phạm vi tri giác của con người. Đó là những chiều mà người hành tinh có thể đang xử dụng như những xa lộ liên thiên hà (intergalactic highways) để du hành xuyên qua vũ trụ trong nháy mắt.

Nhưng người hành tinh sẽ phản ứng ra sao khi chúng ta đạt đến một cột mốc kỹ thuật khác và bắt đầu thử nghiệm chính kỹ thuật mà họ xử dụng để đi đến chúng ta? Liệu họ sẽ xem thành tựu nầy như một mối đe dọa và buộc chúng ta phải trả cái giá tối hậu?

CHƯƠNG XI

Thời Gian Gián Đoạn

(Missing Time)

Primary reference:
** Unsealed: Alien Files, American Television Series, Season 3, Episode 9. - Mary Carole McDonnell

"Một nỗ lực toàn cầu đã bắt đầu. Những hồ sơ bị bưng bít với công chúng từ nhiều thập niên, với nhiều chi tiết về đĩa bay, hiện đang được phơi bày cho mọi người. Chúng tôi sẽ phơi bày sự thật phía sau những tài liệu mật nầy. Hãy tìm hiểu xem những gì mà chính phủ Hoa Kỳ không muốn cho bạn biết. Unsealed: Alien Files sẽ phơi bày những bí mật lớn nhất trên Trái Đất."
- Mary Carole McDonnell

** *Unsealed: Alien Files* là một bộ phim truyền kỳ Mỹ được trình chiếu lần đầu vào năm 2011 ở Hoa Kỳ. Bộ phim nầy điều tra về những tài liệu liên quan đến các trường hợp nhìn thấy và đối tác với *UFO* được công khai với dân chúng vào năm 2011 dựa theo Đạo Luật *Freedom of Information Act*. Mỗi kỳ (episode) của bộ phim nầy xem xét những trường hợp *UFO* được nhìn thấy, những trường hợp bị người hành tinh bắt cóc, âm mưu bưng bít của chính phủ và tin tức *UFO* khắp thế giới.

1. Tổng quát

Những vụ bắt cóc của người hành tinh chính là những chạm trán tối hậu. Đã có hàng ngàn trường hợp được báo cáo khắp thế giới, nhưng những báo cáo đó luôn luôn bị nhà chức trách phủ nhận thẳng thừng mà không cần điều tra hoặc điều tra chiếu lệ. Khi nói đến bắt cóc, chẳng có nhiều bằng chứng nào khác để thuyết phục ngoại trừ đứng ra làm chứng, thế thôi. Nhưng đã có những người mạnh dạn bước tới a với những hình xạ quang (X-rays) hay bằng chứng vật lý về một cái gì còn nằm dưới da khó giải thích được.

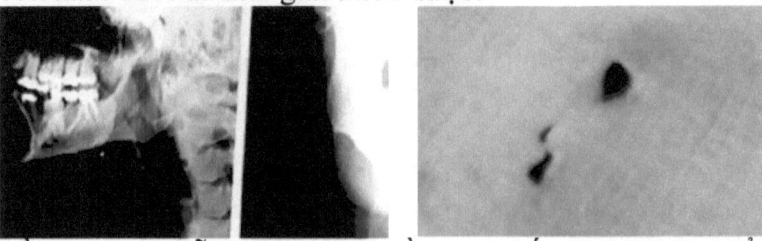

Bằng chứng mỗi ngày một nhiều cho thấy thực sự có thể có hàng triệu nạn nhân; tất cả họ hầu như không hề hay biết mình đã bị bắt cóc. Đâu là những chỉ dấu mách bảo của việc bắt cóc? Và tại sao người hành tinh có vẻ dứt khoát muốn giữ kín hành động của họ?

Phần kế tiếp sẽ phơi bày những dấu hiệu bí ẩn của sự kiện người hành tinh bắt cóc, từ thời gian gián đoạn và trí nhớ được phục hồi đến những câu chuyện giải phẫu đáng sợ của người hành tinh.

2. Những trường hợp

2.1 Melbourne, Úc

Đó là ngày 8/8/1993 tại Melbourne, Úc.

Chương XI: Thời gian gián đoạn

Kelly Cahill và gia đình đang lái xe ban đêm bên ngoài thành phố bỗng cô nhìn thấy một cái gì ngay trên đầu.

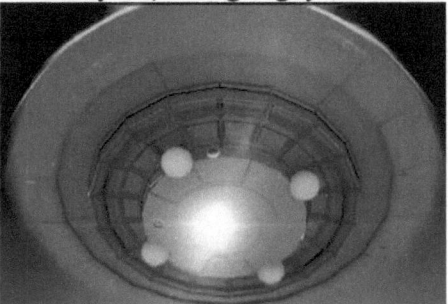

Đó là một đĩa bay đang im lặng bay lơ lửng bên trên đường. Cahill hét lớn để báo cho chồng hay biết về mối đe dọa trước mắt. Nhưng ngay khi đó, chiếc *UFO* phóng nhanh vào màn đêm. Gia đình tiếp tục lái xe về nhà, nhưng vẫn nhìn chừng đĩa bay. Bất ngờ, một ánh sáng chói chang phát ra trước họ.

Cahill đạp mạnh thắng trong kinh hãi, nhưng nỗi sợ của cô nhanh chóng được thay thể bằng một sự bình tĩnh lạ thường.

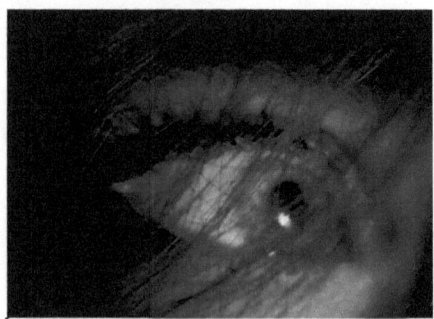

Cahill cảm thấy toàn thân thoải mái trong khi cô rơi vào một trạng thái gần như mơ màng. Vài giây sau, ánh sáng kia biến mất và Cahill lấy lại cảm giác. Cô hỏi chồng chuyện gì đã xảy ra, nhưng chính chồng cô và các con của cô cũng bị tình trạng tương tự. Không một ai trong xe nhớ được một chi tiết nào rõ ràng về biến cố vừa xảy ra chỉ vài lúc trước đó.

Về đến nhà, Cahill bị ám ảnh mãi với cảm thức rằng dường như chuyến đi đã kéo dài hơn cô tưởng. Khi nhìn lại đồng hồ, cô sững sốt thấy rằng gia đình đã về trễ một tiếng. Đó là một hiện tượng quái đản mà các chuyên gia *UFO* gọi là *missing time*.

Missing time là một thành tố cơ bản của hiện tượng bị bắt cóc, và nó có thể xảy ra khi bạn đang lái xe trên đường. Người ta thuật lại rằng trong khi đang lái xe lòng vòng, họ bỗng nhìn thấy một cái gì lạ thường. Điều kế tiếp mà họ biết: thời gian họ đã đi dài hơn đến 20 phút hay hai tiếng, hay, trong một số trường hợp, đến cả hai ngày.

Trong những ngày kế tiếp, Cahill bắt đầu lờ mờ nhớ lại một tiếng đồng hồ gián đoạn đó. Thì ra họ đối diện với một toán người hành tinh.

Chương XI: Thời gian gián đoạn

Cô nhớ lại mình bị kinh hoàng. Sau đó gia đình vào lại xe, và chiếc *UFO* biến mất.

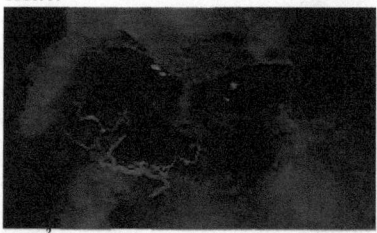

Tất cả lý ra có thể được xem như một cơn ác mộng nếu không có cái dấu bí ẩn hình tam giác mà Cahill phát hiện bên dưới rốn xuất hiện sau biến cố đó.

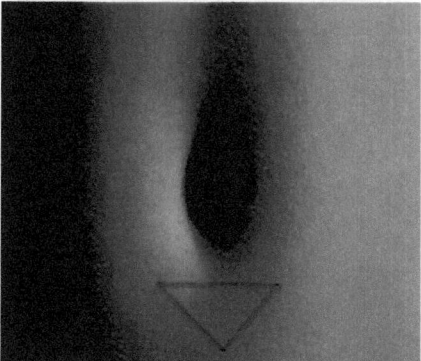

Phải chăng gia đình Cahill đã bị người hành tinh bắt cóc? Và phải chăng họ có một thời gian bị mất (missing time)? Đối với một số người bị bắt cóc, *missing time* có thể kéo dài không quá vài phút. Nhưng với những người khác, thảm kịch được biết đã kéo dài nhiều hơn thế nhiều.

2.2 The Chilean Timewarp (revisited)

Trường hợp nầy đã được đề cập trong một chương trước và nay được ghi lại để bổ sung cho phần mới của đề tài nầy. Đó là tháng 4/1977 tại Pampas Iluscuma, Chile.

Hạ sỹ Armanando Valdes cùng đi với một toán tuần tra biên giới tiếp giáp với Argentina. Sau khi xong công tác, Valdes và phần còn lại của toán tuần tra đến trú đêm tại một chuồng ngựa. Nhưng gần sáng toán người nầy thức dậy khi hai luồng ánh sáng lạ thường từ trời đáp xuống mặt đất gần đó.

Họ đi ra kiểm tra. Toán tuần tra ngơ ngác đứng nhìn khi thấy Valdes bước đến gần một trong hai vật sáng, rồi biến mất trong ánh sáng chói chang của nó. Hai đĩa bay sau đó biến mất mà không để lại một vết tích nào. Toán tuần tra rà soát khu vực để tìm đồng đội mất tích của họ. Mười lăm phút sau, họ nghe thấy một tiếng "thịch" thật lớn, và sững sốt thấy viên hạ sỹ nói trên nằm cách đó không xa.

Chương XI: Thời gian gián đoạn

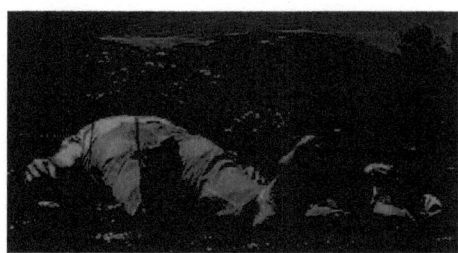

Ông còn sống, nhưng đã thay đổi vĩnh viễn. Valdes kinh ngạc khi đồng hồ định số của ông cho thấy một ngày tháng đi trước 5 ngày so với ngày tháng hiện tại, và râu trên mặt của ông cũng nhiều hơn giống như đã mọc cả một tuần.

Đó là một trong những ví dụ giá trị nhất về thời gian gián đoạn được ghi nhận. Phải chăng Valdes đã bị người hành tinh bắt cóc? Những gì đã xảy ra trong khi anh vắng mặt? Có cách gì phục hồi thời gian gián đoạn?

Có thể hàng triệu người khắp thế giới đã bị người hành tinh bắt cóc, nhưng không nhớ được biến cố đó. Một số đột nhiên ý thức được vụ bắt cóc đã qua nhờ vào một hiện tượng mà các chuyên gia *UFO* gọi là *missing time*. Nhưng khơi lại những chi tiết của vụ bắt cóc là một khoa học độc nhất có thể truy cứu lại vụ bắt cóc được báo cáo đầu tiên trong kỷ nguyên hiện đại.

2.3 Betty and Barney Hill (revisited)

Trường hợp nầy đã được đề cập trong một chương trước và nay được ghi lại để bổ sung cho phần mới của đề tài nầy. Đó là ngày 19/9/1961 tại New Hampshire.

Betty và Barney Hill đang lái xe về nhà trên miền quê New England bỗng nhiên bị một *UFO* đuổi theo. Con tàu bí ẩn đáp ngay trên hướng đi của họ. Cặp vợ chồng Hill ngơ ngác nhìn khi một toán gồm những kẻ trông giống những người nhỏ bé từ con tàu bước ra.

Lúc bấy giờ hiện cảnh bỗng mờ tối lại. Điều kế tiếp mà cặp vợ chông Hill nhớ lại là họ im lặng ngồi trên trong chiếc xe đang đậu ngay trên lối xe ra vào tại nhà. Họ không hiểu làm thế nào họ đã về đến nhà, bao nhiêu thời gian đã trôi qua, và những gì đã xảy ra cho họ trong khoản thời gian đó. Cặp vợ chồng nầy đến báo cảnh sát, nhưng cảnh sát từ chối điều tra sự việc.

Đó là một hiện tượng quá quen thuộc đối với một người bị bắt cóc. Không một ai tin họ. Nhiều nạn nhân thậm chí còn bị bạn bè và gia đình tẩy chay. Biến cố đó đã làm cho cặp vợ chồng nầy dao động triệt để. Họ cứ mãi bứt rứt muốn nhớ lại những biến cố xảy ra đêm đó, nhưng nhiều năm cố gắng chỉ mang lại một ít câu trả lời. Vì quá tuyệt vọng, họ tìm sự giúp đỡ từ một nguồn bất ngờ nhất: một chuyên gia về thôi miên trị liệu (hypnotherapist).

Đối với một số người bị bắt cóc, muốn nhớ lại những gì đã trải nghiệm, họ phải kinh qua cái gọi là *hypnotic regression* (hồi quy thôi miên) - tức là họ được đặt vào một trạng thái thôi miên để giúp họ khơi lại những ký ức có vẻ như đã bị chôn sâu vào phía sau óc của họ. Khi người ta rà soát những ký ức tiềm thức (subconscious memories) của họ, cặp vợ

Chương XI: Thời gian gián đoạn

chồng nầy cho thấy thực sự họ đã bị bắt cóc bởi những người hành tinh tiến đến gần xe của họ. Bên trong đĩa bay, họ đã khứng chịu những thí nghiệm y khoa kinh khủng.

Đối với những chuyên gia *UFO*, đó là một thời điểm lịch sử. Theo Steve Murillo, giám đốc tổ chức *MUFON-LA*, những trường hợp bắt cóc không thực sự bắt đầu lộ ra công chúng cho đến cuối thập niên 1960. Câu chuyện của Betty và Barney Hill là báo cáo đầu tiên trong số hàng ngàn báo cáo tương tự một cách quái đản về bắt cóc. Nhưng mục tiêu của những vụ bắt cóc và thí nghiệm nầy là gì? Phải chăng người hành tinh chỉ cố thu thập kiến thức về chúng ta? Hay tất cả là một phần của một kế hoạch rộng lớn hơn? Có lẽ phải mất mười năm nữa may ra mới tìm được câu trả lời.

2.4 Eagle Lake Abduction

Đó là ngày 20/8/1976 tại Eagle Lake, Maine.

Hai anh em Jack và Jim Weimer cùng với hai người bạn Chuck Rak và Charlie Foltz chuẩn bị đi câu đêm trên hồ nổi tiếng *Allagash Wilderness Waterway* của tiểu bang. Trước khi xuống nước, họ đốt một đống lửa để định hướng khi trở về trại. Khi ra ngoài hồ, họ nhìn thấy một quả cầu sáng chói chang, chiều ngang khoảng 80 *feet*, đang lơ lửng trên lùm cây. Nó từ từ bò dọc theo bờ hồ theo cùng hướng với những người câu cá. Vì tò mò, một trong số những người đó lấy đèn bấm để ra hiệu cho con tàu lạ. Vật bay lập tức trả lời, thay đổi hướng để cố bắt gặp chiếc thuyền câu. Hoảng quá nên bốn người cố chèo vào bờ nhưng đã quá muộn. Đĩa bay đó đa ở ngay trên đầu họ và bị chói mắt vì ánh sáng chói chang chiếu xuống từ bên trên. Nhưng chỉ trong nháy mắt, bốn người thấy mình đang đứng trên bờ, không hề hấn gì cả.

Chiếc *UFO* bay lơ lửng chung quang một lúc rồi biến mất trong bầu trời.

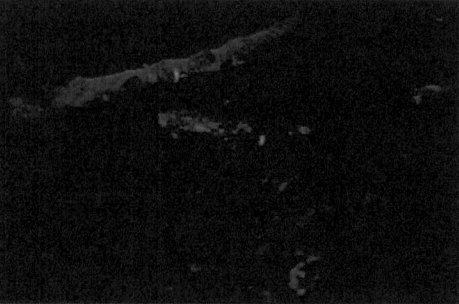

Bốn người để ý thấy đống lửa trại của họ đã tắt xuống còn đống tro âm ỉ cháy. Nhiều giờ trôi qua nhưng họ vẫn không nhớ những gì đã xảy ra.

Chương XI: Thời gian gián đoạn

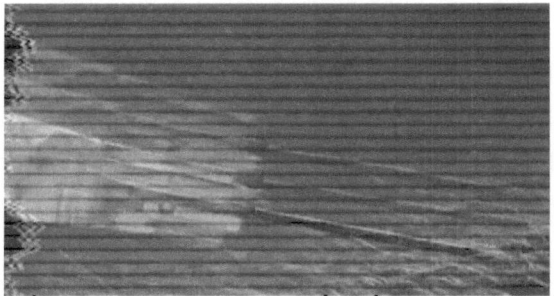

Sau biến cố đó, Jack Weimer bắt đầu bị ác mộng thường xuyên. Trong những cơn ác mộng đó, anh nhìn thấy những người hành tinh tiến hành một loại thí nghiệm y khoa trên cánh tay anh trong khi những người bạn của anh tuyệt vọng đứng nhìn. Ngay sau đó, những người khác bắt đầu kinh qua những cơn ác mộng tương tự. Mỗi người trong số họ đều làm thôi miên (hypnosis). Tất cả họ cùng đưa ra một tình tiết đầy kinh ngạc về những gì đã xảy ra buổi tối đó.

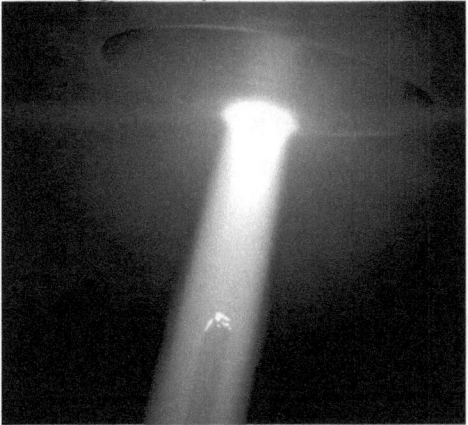

Những người đàn ông kinh hãi bị kéo lên *UFO*, ở đó họ khứng chịu những thí nghiệm y khoa tàn nhẫn, kể cả việc cắt da hết sức đau đớn và lấy mẫu máu. Các trường hợp thôi miên khiến chuyên viên thôi miên trị liệu đưa ra một kết luận kinh ngạc: ông tin rằng những người đàn ông đang bị gắn nhãn (tagged) làm dấu giống như con người gắn nhãn các động vật trước khi thả chúng đi.

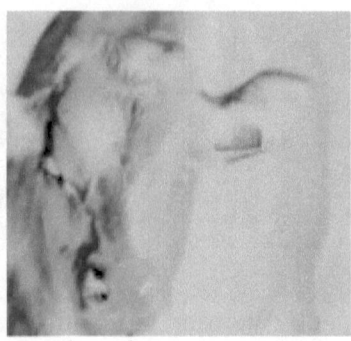

Những gì đã xảy ra cho những nạn nhân ở Eagle Lake? Họ đã bị người hành tinh gắn nhãn? Và có cách gì chứng minh câu chuyện của họ?

Hàng triệu người khắp thế giới có thể đã là những nạn nhân bị người hành tinh bắt cóc. Một số chuyên viên tin rằng những vụ bắt cóc nầy là phương cách gắn nhãn những nạn nhân được họ lựa chọn. Nhưng nếu người hành tinh gắn nhãn chúng ta, thì hình thức của những nhãn đó là gì và mục đích của chúng là gì?

2.5 Alamogordo, New Mexico, 1975 (revisited)

Trường hợp nầy đã được đề cập trong một chương trước và nay được ghi lại để bổ sung cho phần mới của đề tài nầy.

Ted Davenport, 16 tuổi, mang ba-lô đi dạo chơi một mình trong một vùng hoang giả gần đó. Ted cảm thấy như bị thôi thúc phải làm thế bởi một lực khó tả nào đó. Trên đường đi, Cậu ta luôn luôn cảm thấy mình bị theo dõi.

Chương XI: Thời gian gián đoạn

Trong đêm, cậu ra khỏi lều và kinh ngạc khi nhìn thấy một nhóm những sinh vật nhỏ giống như người. Cậu ngất xỉu. Sáng hôm sau, cậu thấy mình thức dậy bên cạnh đám lửa trại đã tắt của cậu, đầu nhức như búa bổ. Cậu sờ thấy một khối u ở một bên đầu và không nhớ những gì đã xảy ra đêm trước.

Năm năm sau, trong khi phục vụ trong Hải Quân, cậu bị thương nặng và được gởi đi cấp cứu. Một máy *MRI* (magnetic resonance imaging) phát hiện một mô cấy bằng kim loại (metallic implant) nằm trong não của cậu và một số chuyên gia tin rằng sự hiện diện của mô cấy đó không phải là chuyện tình cờ.

Theo Bác sỹ Roger Leir, trong hiện tượng bắt cóc, rõ ràng có khoảng từ 10% đến 15% những người tin mình thực sự bị cắt cóc và có thể bị người hành tinh cấy mô. Bây giờ chúng ta nói về những mô cấy có thể nhìn thấy được bằng xạ quang (X-ray hay CAT scan).

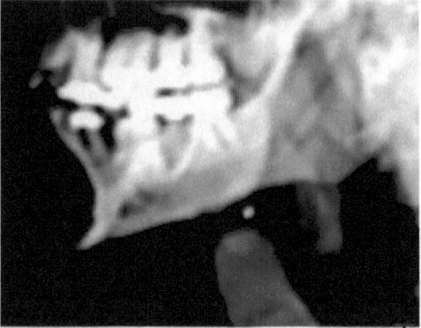

Dr. Roger Leir là một bác sỹ đã bỏ ra nhiều thập niên để nghiên cứu những mô được tình nghi do người hành tinh cấy. Theo ông, đó là những thỏi nhỏ với chiều dài thay đổi từ 6 đến 8 ly và lớn khoảng bằng mũi bút chì.

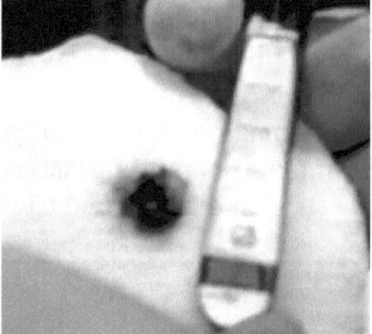

Tất cả chúng đều được bọc với một lớp sinh học (biological coating). Một số nạn nhân phát hiện những vết thẹo hình tam giác kỳ lạ hay hình sọc được gọi là *scoot marks* dưới da. Nhưng thường những gì được xem là một điểm vào hiển thị (visible point of entry) thì hoàn toàn không có.

Chương XI: Thời gian gián đoạn

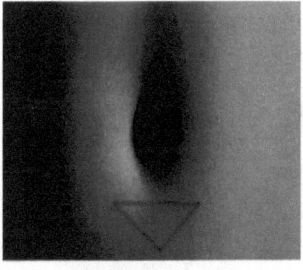
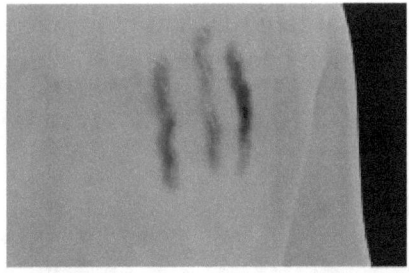

Davenport nhiều lần bị bắt cóc kể từ khi mô cấy nói trên được phát hiện. Các bác sỹ từ chối lấy mô cấy đó ra mặc dù có nhiều cơ hội để làm thế. Davenport nói rằng những người hành tinh xử dụng các mô cấy như thế để kiểm soát không những não bộ của cậu, mà cả não bộ của các bác sỹ đang điều trị cậu nữa. Một hình quét quy mô hơn (further scan) vào năm 2001 cho thấy mô cấy vẫn còn ở đó.

Davenport chỉ là một trong hàng ngàn người được khám phá mang theo kỹ thuật người hành tinh được cấy trong cơ thể. Câu hỏi là: mô cấy đó có mục đích gì? Câu trả lời có thể được tìm thấy trong một của những trường hợp bắt cóc đáng chú ý nhất được ghi nhận.

2.6 The Betty Andreasson Incident

Đó là ngày 25/1/1967 tại South Ashburnham, Massachusetts.

Betty Andreasson đang ngồi chơi buổi tối với gia đình bà bỗng nhiên không hiểu tại sao các đèn trong nhà cứ chớp tắt chớp tắt liên tục. Vài giây sau, một ánh sáng chói lòa kỳ quái xuất hiện bên ngoài cửa sổ nhà bếp.

Ánh sáng cho thấy một nhóm người hành tinh cùng hướng về căn nhà. Họ thư thả đi qua cửa trước và lập tức làm cả gia đình nhà bất động trong sửng sốt, tựa như một màn hoạt hình đang ngưng lại. Tên trưởng nhóm tiến hành một liên kết thần giao cách cảm (telepathic connection) với Betty. Nỗi sợ hãi của bà được thay bằng một trạng thái bình tĩnh lạ lùng. Sau đó Betty được đưa lên một con tàu nhỏ giống như một đĩa bay đang lơ lửng gần nhà.

Bà khứng chịu một loạt khám nghiệm y khoa và một trắc nghiện kỳ lạ về tinh thần của bà và trắc nghiệm nầy đã đưa bà vào một trạng thái mà sau nầy bà mô tả như đang trôi giữa cực lạc và đau đớn (ecstasy and pain). Vài giờ sau, bà được trả lại nhà.

Đó là một kinh nghiệm khiếp đảm. Và mãi đến một thập niên sau Betty mới chia xẻ câu chuyện nầy. Vào năm 1977, bà thử phương pháp thôi miên trị liệu (hypnotherapy) nhằm phục hồi những chi tiết về những gì đã xảy ra cho bà trên con tàu

Chương XI: Thời gian gián đoạn

của người hành tinh. Quá trình thôi miên cho thấy một chuyện khó tin.

Đêm đó Betty không bị bắt đi để nhận một mô cấy. Thay vì thế, bà nhớ những người hành tinh đã tháo gỡ một mô cấy trong não qua đường mũi của bà, một mô đã được đặt trong đầu của bà trong thập niên 1940 khi bà bị bắt cóc lúc còn bé.

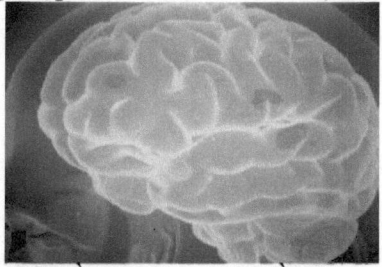

Đó là một ký ức đã nằm ngủ trong tiềm thức của bà từ nhiều thập niên. Nhưng mục đích của mô cấy là gì? Và tại sao người hành tinh muốn lấy nó lại? Dr. Roger Leir có một giả thuyết. Ông đã hỏi nhiều người, nhiều lần, có phải đó là những thiết bị theo dõi hay không. Có phải đó là những thiết bị nhằm thay đổi hành vi hay không? Dựa trên những gì ông đã nhìn thấy và những dữ liệu được thu thập, ông hoàn toàn không tin như thế. Nhưng ông tin rằng đó là những thiết bị theo dõi dự liệu (data monitoring devices), và những người hành tinh xử dụng những mô cấy để thu thập thông tin về những thay đổi trong *DNA* của chúng ta.

Phải chăng người hành tinh đặt những mô cấy trong các nạn nhân bị bắt cóc để theo dõi *DNA* của chúng ta? Và nếu thế thì mục đích tối hậu của họ là gì? Bằng chứng cho thấy người hành tinh bắt cóc các nạn nhân trong một chiến dịch rùng rợn nhằm theo dõi những tiến trình sinh học của con người bằng cách cấy vào và lấy ra những thiết bị do người hành tinh chế tạo. Một số chuyên gia tin rằng họ thậm chí có thể theo dõi *DNA* của chúng ta. Nhưng tại sao?

2.7 Aldergrove, British Columbia
Đó là ngày 17/7/1991.

Corina Saebels và một người bạn phát hiện một *UFO* khổng lồ hình lưỡi liềm trong bầu trời đêm bên trên nhà cô.

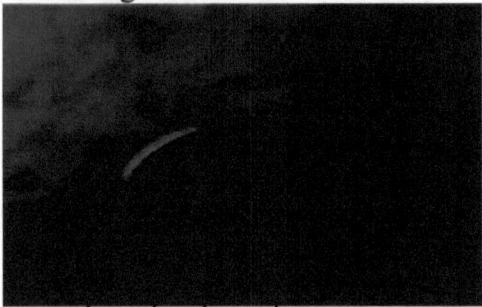

Một lúc sau cô biến mất, rồi xuất hiện lại khoảng một tiếng sau mà không hề biết cô đã biến mất và không thể giải thích khoản thời gian gián đoạn. Cô có vẻ không hề hấn gì sau sự việc đó, nhưng câu chuyện của Corina Saebels không dừng lại ở đó. Trong thời gian theo sau vụ mất tích của cô, Corina Saebels luôn luôn dằn vặt với cảm nghĩ đó không phải là lần đầu tiên cô biến mất, và sẽ không phải là lần cuối cùng. Nhưng sau đó Corina Saebels nhận ra rằng trong gia đình cô,

Chương XI: Thời gian gián đoạn

cô không phải là mục tiêu duy nhất của người hành tinh. Vài tuần sau, cô sửng sốt khi nhìn thấy một người hành tinh thuộc chủng loại *Gray* đi vào phòng ngủ của đứa con gái nhỏ của cô. Khi vội vàng chạy đến cứu đứa con gái, Corina Saebels không tìm thấy gì cả. Nhưng chẳng bao lâu sau đó, đứa con gái của cô bắt đầu vẽ những bức hình của một người hành tinh mà nó gọi là "*the doctor;*" và "*doctor*" nầy được nói thỉnh thoảng đi vào phòng ngủ của nó ban đêm. Câu chuyện đã khởi động nơi Saebels một làn sóng những ký ức bị đè nén về các vụ bắt cóc, kể cả những vụ kim đâm vào bụng của cô và hàng loạt những thai nhi người hành tinh được chứa trong một chất lỏng.

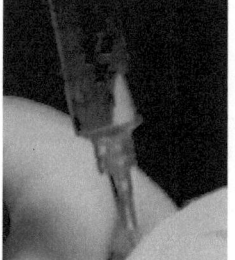 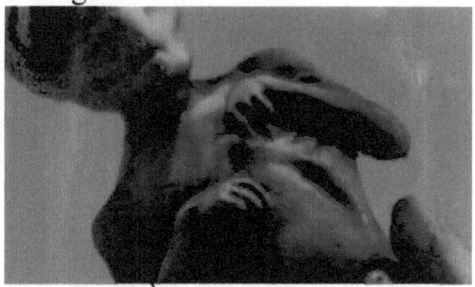

Saebels nhận ra rằng cô là một phần của một thí nghiệm để sản sinh một thực thể lai chủng giữa người trái đất và người hành tinh (alien-human hybrid).

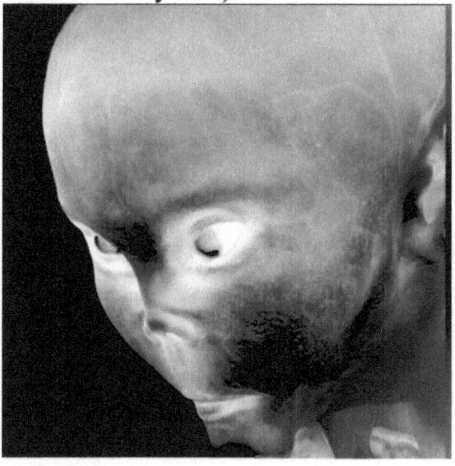

Nhưng câu chuyện không chỉ có thế. Trong một cơn mặc khải kinh khủng và chớp nhoáng bất ngờ, cô nhận ra rằng những câu chuyện mà mẹ cô đã kể cho cô cũng là những câu chuyện bắt cóc được ngụy trang. Corina Saebels tin rằng có thể gia đình cô đã từng bị bắt cóc qua nhiều thế hệ.

Tại sao người hành tinh cần bắt cóc người trái đất, cài một loại mô cấy nơi họ và thực hiện bất kỳ loại biến cải di truyền nào trong nỗ lực của họ? Nhiều chuyên gia tin rằng rất có thể họ đang tạo ra một hình thức sống (life form) như một mô hình tiến hóa của chúng ta.

Phải chăng người hành tinh đang bí mật tạo ra một chủng loại mới gồm những thực thể lai chủng giữa người trái đất và người hành tinh xuyên suốt các thế hệ? Phải chăng những người bị bắt cóc sẽ khứng chịu một cuộc đời sợ hãi triền miên? Bạn có bị người hành tinh bắt cóc nhưng không nhớ gì về biến cố đó chăng?

CHƯƠNG XII

Động Cơ Phản Trọng Lực

(Antigravity Propulsion)

Primary reference:
** Unsealed: Alien Files, American Television Series, Season 3, Episode 10. - Mary Carole McDonnell

"Một nỗ lực toàn cầu đã bắt đầu. Những hồ sơ bị bưng bít với công chúng từ nhiều thập niên, với nhiều chi tiết về đĩa bay, hiện đang được phơi bày cho mọi người. Chúng tôi sẽ phơi bày sự thật phía sau những tài liệu mật nầy. Hãy tìm hiểu xem những gì mà chính phủ Hoa Kỳ không muốn cho bạn biết. Unsealed: Alien Files sẽ phơi bày những bí mật lớn nhất trên Trái Đất."
- Mary Carole McDonnell

** *Unsealed: Alien Files* là một bộ phim truyền kỳ Mỹ được trình chiếu lần đầu vào năm 2011 ở Hoa Kỳ. Bộ phim nầy điều tra về những tài liệu liên quan đến các trường hợp nhìn thấy và đối tác với *UFO* được công khai với dân chúng vào năm 2011 dựa theo Đạo Luật *Freedom of Information Act*. Mỗi kỳ (episode) của bộ phim nầy xem xét những trường hợp *UFO* được nhìn thấy, những trường hợp bị người hành tinh bắt cóc, âm mưu bưng bít của chính phủ và tin tức *UFO* khắp thế giới.

1. Tổng quát

Nhiều nhân chứng thuật lại rằng những con tàu bí ẩn không phát ra tiếng động, khiến có những giả thuyết cho rằng những khách viếng người hanh tinh có thể có loại động cơ phản trọng lực (antigravity propulsion).

Những *UFO* có thể bay với vận tốc lóa mắt hay lơ lửng chỉ vài *feet* cách mặt đất, và chúng có thể làm thế mà không phát ra một tiếng động nào. Nhưng có thể nào thế được? Nhiều chuyên gia tin rằng câu trả lời chính là động cơ phản trọng lực (anti-gravity propulsion) - kỹ thuật tân tiến với khả năng kiểm soát một trong những lực mạnh nhất trong vũ trụ. Và một số người tin rằng món quà nầy không còn là món quà duy nhất dành cho người hành tinh.

Phải chăng hiện nay chúng ta đang có kỹ thuật phản trọng lực tân kỳ? Và nếu thế, sự kiện đó đã xảy ra thế nào và đâu là những hàm ngụ đối với nhân loại? Chương nầy sẽ phơi bày tất cả những bí mật của động cơ phản trọng lực, từ những hiệp ước bí mật với người hành tinh đến những phòng thí nghiệm ẩn giấu của Căn Cứ *Area 51*.

Nhìn thấy một *UFO* trên bầu trời là một chuyện, nhưng nhiều nhân chứng tai nghe mắt thấy vốn đã từng trực diện cận kề với *UFO* báo cáo cho biết sự hiện diện vật lý của đĩa bay khó lòng hiểu nổi.

2. Những trường hợp

2.1 The Rendlesham Forest Incident (revisited)

Trường hợp nầy đã được đề cập trong một chương trước và nay được ghi lại để bổ sung cho phần mới của đề tài nầy.
Đó là ngày 17/12/1980, tại Suffolk, Anh Quốc.

Chương XII: Động cơ phản trọng lực

Theo lời Nick Pope, Cựu Bộ Trưởng Quốc Phòng Anh, những binh sỹ không quân Hoa Kỳ đồn trú tại hai căn cứ *RAF Bentwaters* và *RAF Woodridge* nhìn thấy những tia sáng lạ phát ra từ khu rừng Rendlesham gần đó.

John Burroughs và Jim Penniston, cùng với những quân nhân khác tìm cách xin phép đến khu rừng để điều tra những gì mà ban đầu họ tưởng là một máy bay rơi. Khi đi gần đến hiện trường, hai người nầy nhìn thấy trong một vạt trống một *UFO* đáp xuống chứ không phải là một máy bay rơi.

Toán an ninh tiến đến đủ gần để ghi chép những dấu hiệu kỳ lạ trên thân tàu trông giống như những chữ viết tượng hình (Hieroglyphics) cổ Ai Cập.

Charles Halt, Chỉ Huy Phó của căn cứ, tỏ ra hoài nghi... cho đến hai ngày sau, khi người ta nói rằng hai đĩa bay đã quay trở lại.

Theo Nick Pope, Đại Tá Halt không thể bài bác chuyện đĩa bay nầy được, vì chính mắt ông ta đã nhìn thấy chúng. Theo sau đó là một đoạn phim trung thực do chính Halt thực hiện khi ông đến gần đĩa bay. Đoạn phim cho thấy một quân nhân đang trong một tình trạng gần như hốt hoảng khi chứng kiến đĩa bay.

Halt: *"I see it, too. It's coming this way. It looks like an eye winking at you. He's coming toward us now. Now we're observing what appears to be a beam coming down to the ground."*

(Tôi cũng thấy nó. Nó đi về hướng nầy. Nó trông giống như một con mắt đang nháy với bạn. Nó đang đi đến chúng tôi

Chương XII: Động cơ phản trọng lực

bây giờ. Hiện chúng tôi đang quan sát những gì có vẻ như một tia sáng đang chiếu xuống đất.)

Một lúc sau chiếc *UFO* phóng nhanh vào trời đêm với vận tốc rất nhanh. Vật bay ở Rendlesham chỉ là một trong hàng trăm những đĩa bay được báo cáo, cho thấy những khả năng bay vượt hẳn bất kỳ một phi cơ quy ước nào. Chúng có thể bay lơ lửng sát đất. Trong nháy mắt, chúng có thể vọt bay với những vận tốc cao mà không cần tăng tốc. Chúng đang xử dụng loại kỹ thuật nào? Một số chuyên gia tin rằng họ đã có câu trả lời. Chúng triệt tiêu trọng lực. Chúng không bay. Chúng chỉ - không biết phải dùng thuật ngữ gì để tả.

Theo Steve Bassett, nhà sáng lập Tổ Chức *Paradigm Research Group,* những đĩa bay đó không phải là những con tàu lớn. Một số chỉ có bề ngang khoảng 20, 30, hoặc 60 *feet*. Và như thế, rõ ràng chúng tạo ra một khoản năng lượng vô cùng lớn so với trọng khối mà chúng có. Làm thế nào chúng làm được điều đó?

Trọng lực (gravity) là một lực làm cho vật thể nầy bị hút vào một vật thể khác. Một quả táo rơi xuống đất, một hành tinh bị hút vào mặt trời. Nhưng các chuyên gia tin rằng kỹ thuật phản trọng lực sẽ giải phóng một vật thể khỏi sức hút đó, hữu hiệu cho phép nó tự do di chuyển qua thời gian và không gian. Giải quyết bí mật của động cơ phản trọng lực sẽ giải tỏa một nguồn năng lượng hầu như không thể tưởng tượng nổi.

2.2 Paintsville Train Incident

Đó là ngày 14/1/2002 tại Paintsville, Kentucky.
Một tàu hỏa chạy than đang chạy trong những giờ sáng sớm trên một chuyến tàu thường lệ từ thành phố Russell đến thành phố Shelbiana. Đột nhiên, hai kỹ sư của con tàu thấy những đồng hồ điều khiển bắt đầu rối loạn dữ dội.

Một người trong số họ thấy đồng hồ của họ ngưng chạy một cách bí ẩn. Và không chỉ có thế. Con tàu cũng mất hết năng lượng và cứ chạy tới theo quán tính. Nhưng khi quẹo sang một góc, họ nhìn thấy một nhóm ít nhất ba *UFO* yên lặng bay lơ lửng ngay trên hướng tàu chạy.

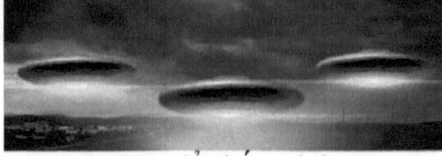

Vì không còn năng lượng để thắng lại, con tàu đâm vào một trong ba vật bay với một lực không thể cản lại được. Nhưng thay vì bị nghiền nát, chính chiếc *UFO* đó xé con tàu ra thành nhiều mảnh kim loại lớn trước khi phóng nhanh vào trong đêm cùng với những vật bay khác.
Sau biến cố đó, nhiều chuyên gia tin rằng máy và các đồng hồ điều khiển của tàu hỏa bị cuốn vào một điện từ trường (electromagnetic field) bao la do những máy phản trọng lực của các *UFO* tạo ra. Có phải đây chính là bí quyết? Phải chăng người hành tinh có thể biến đổi năng lượng điện từ

Chương XII: Động cơ phản trọng lực

thành động cơ phản trọng lực? Nhưng nếu những con tàu nầy là của người hành tinh thì làm thế nào chúng ta có thể giải thích những ký tự trông có vẻ do con người tạo ra trên thân đĩa bay được nhìn thấy ở *Rendlesham Forest*?

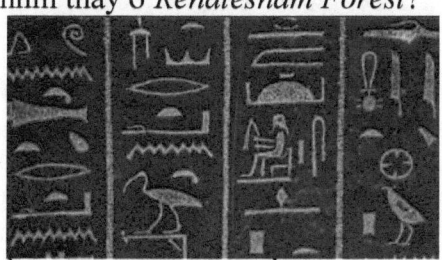

[** Ở điểm nầy, xin đừng quên rằng những chữ tượng hình nầy đã xuất hiện nơi một số kỳ tích thời Cổ Ai Cập, nhất là Kim Tự Tháp. Các chuyên gia tin rằng những kỳ tích đó khó có thể là những công trình của con người thuộc hành tinh chúng ta thời Cổ Ai Cập, mà của người hành tinh đã có mặt trên trái đất chúng ta không biết từ lúc nào. Do đó những ký tự được nhìn thấy trên thân đĩa bay ở Rendlesham không nhất thiết chứng minh con tàu đó là của con người trên trái đất, ngược lại thì đúng hơn.]

Một số chuyên gia có một cầu trả lời đầy ngạc nhiên. Theo Steve Bassett, ít nhất chúng ta có một - và có lẽ - có vài con tàu xuất phát từ ngoài trái đất.

Bằng chứng mỗi ngày một nhiều cho thấy rằng các *UFO* được vận hành bằng kỹ thuật phản trọng lực tân kỳ. Nhưng một số chuyên gia tin rằng có thể kỹ thuật phản trọng lực cũng đang nằm trong tay con người, được tổng hợp từ những nghiên cứu đầu tay về kỹ thuật người hành tinh. Nhưng làm thế nào chúng ta có được vật liệu nầy? Câu trả lời có thể tìm được tại buổi bình minh của kỹ nguyên đĩa bay hiện đại.

2.3 Roswell, New Mexico (revisited)

Đó là ngày 2/7/1947 tại căn cứ Roswell, New Mexico. Trường hợp nầy đã được đề cập trong một chương trước và nay được ghi lại để bổ sung cho phần mới của đề tài nầy.

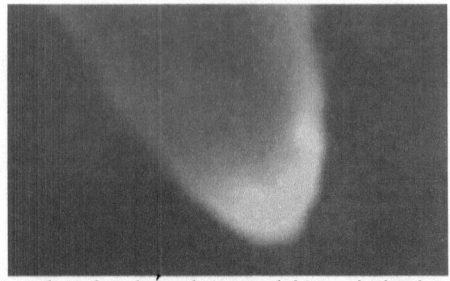

Các cư dân của thành phố nhỏ sát biên giới phía nam Hoa Kỳ ngơ ngác nhìn khi một vật bay hình đĩa sáng ngời rơi từ trên bầu trời xuống với một tốc độ kinh hoàng. Sau đó nó biến mất bên kia một hàng cây phía tây bắc thành phố, nơi nó được giả định rơi trong sa mạc. Do tò mò, một số nhân chứng đi đến hiện trường để điều tra, chỉ để thấy mọi con đường đều bị quân đội phong tỏa. Một cuộc hành quân thu hồi đương nhiên đang được tiến hành. Nhưng không giống như bất kỳ những gì được thấy trước đó, công tác thu hồi nầy được tiến hành hết sức cẩn mật, và bất kỳ ai chứng kiến cũng được lệnh phải kín miệng bằng không sẽ bị trả đũa tàn nhẫn.

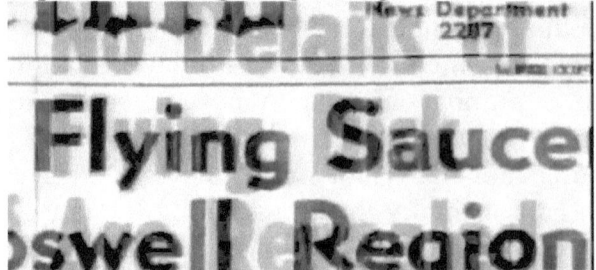

Ngày hôm sau, quân đội thông báo đã thu hồi một đĩa bay (flying saucer - từ trong nguyên văn), chỉ để rồi nhanh chóng rút lại tuyên bố đó một cách đáng nghi ngờ. Báo cáo chính thức của quân đội nói rằng vật bay tìm thấy ở Roswell là một khí cầu khí tượng (weather balloon). Nhưng một số người bên trong chính phủ lại nói một câu chuyện hoàn toàn khác. Theo báo cáo, xác của chiếc đĩa bay rơi ở Roswell thực ra được đưa đến Căn Cứ *Wright-Patterson Air Force Base* thuộc tiểu bang Ohio, cùng với một cái gì thậm chí còn khó tin hơn nữa: kẻ sống sót duy nhất của con tàu người hành

Chương XII: Động cơ phản trọng lực

tinh là một thành viên của chủng loại người hành tinh mà các chuyên gia *UFO* gọi là *"the Grays."*

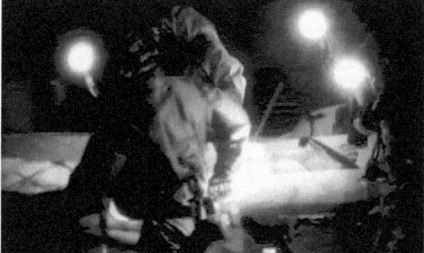 

Điều thậm chí đáng ngạc nhiên hơn nữa là các báo cáo cho rằng người hành tinh sống sót đó đồng ý giúp quân đội Hoa Kỳ kết nhập kỹ thuật người hành tinh từ chiếc đĩa bay rơi ở Roswell vào những dự án không gian mới nhất của quốc gia nầy.

Đó là một cử chỉ thân thiện bất ngờ giúp về sau đưa đến một hiệp ước vô tiền khoáng hậu giữa Hoa Kỳ và những khách viếng người hành tinh - hiệp ước mang tên **GRENADA TREATY**. Nhiều chuyên gia xem một tài liệu được nói bị rò rỉ nhan đề **SOM1-01** là một kết quả trực tiếp của cuộc họp đó.

RECOVERY AND DISPOSAL

TOP SECRET/MAJIC EYES ONLY

WARNING! This is a TOP SECRET—MAJIC EYES ONLY document containing compartmentalized information essential to the national security of the United States. EYES ONLY ACCESS to the material herein is strictly limited to personnel possessing MAJIC—12 CLEARANCE LEVEL. Examination or use by unauthorized personnel is strictly forbidden and is punishable by federal law.

Tài liệu ghi rõ:
"*Any encounter with entities known to be of extraterrestrial origin is considered to be a matter of national security and, therefore, classified top secret.*"
(*Bất kỳ một đối tác nào với những chủng loại được xem là xuất phát từ ngoài trái đất đều được xem là một vấn đề an ninh quốc gia và, do đó, được xem là tối mật.*)
Nhưng Hiệp Ước *Grenada Treaty* là một hiệp ước mà nhiều chuyên gia hiện nay xem là một cấu kết với ác quỷ.

Chương XII: Động cơ phản trọng lực

Có một cuộc họp với Tổng Thống Eisenhower tại *Holloman Air Force Base* vào năm 1957, nơi ông đã gặp những người hành tinh thuộc chủng loại *Grays* - một chủng loại có đôi mắt to và màu da tái nhạt. Và theo phiên bản đó, có một trao đổi. Chúng ta có được kỹ thuật của họ và họ lấy người của trái đất để bắt cóc.

Phải chăng một tổng thống tuyệt vọng của Hoa Kỳ dâng hiến đồng chủng của chính mình cho người hành tinh bắt cóc làm vật thí nghiệm để đổi lấy kỹ thuật tân tiến?

2.4 AREA 51

Khu vực nầy nằm tại một dải sa mạc hẻo lánh, khoảng 80 *miles* về phía bắc Las Vegas. Căn cứ nầy không có bảng hiệu hay tên chính thức, và mãi đến gần đây chính phủ Hoa Kỳ mới ngưng phủ nhận sự hiện diện của nó. Những xe an ninh vô danh tuần tra chung quanh chu vi khu vực. Bất kỳ ai dám băng qua vành chu vi đó đều bị bắn chết tại chỗ. Bất kỳ phi cơ nào dám vi phạm không phận của nó đều bị bắn hạ.

Theo các chuyên gia, đó là khu vực trắc nghiệm tối mật cho các dự án không gian tiên tiến nhất của Hoa Kỳ. Cũng có tin đồn cho rằng căn cứ nầy chính là địa chỉ cuối cùng của chiếc đĩa bay bị rơi ở Roswell và của tất cả những *UFO* được thu hồi những năm sau đó.

Những thuyết âm mưu (conspiracy theory) tin rằng ở đây, xa tầm mắt công chúng, các khoa học gia đang đảo ngược quy trình công nghệ của kỹ thuật người hành tinh thành các thế hệ phi cơ quân sự mới. Nhưng dự án nầy đã tiến đến đâu? Phải chăng các khoa học gia của *Area 51* đã giải quyết được bí mật về động cơ phản trọng lực?

Chương XII: Động cơ phản trọng lực

Ben Rich trong hình là giám đốc của Lockheed-Martin từ năm 1975 đến 1991. Trước khi ông qua đời không lâu vào năm 1995, Rich đã khẳng định rằng, từ lâu, các kỹ sư không gian Hoa Kỳ đã làm việc với điều mà ông gọi là *hand-me-down alien technology* (khám phá bằng được kỹ thuật người hành tinh).

Ông nổi tiếng với một câu nói do chính ông thốt ra:

Whatever you see out there flying in the sky, cruising across the desert, we're 50 years ahead of that.

(Bất kỳ những gì bạn nhìn thấy ngoài kia khi bay trên trời, vượt qua sa mạc, chúng tôi đều đi trước 50 năm.)

Phát biểu đó đúng không? Phải chăng Hoa Kỳ đang bí mật thụ đắc những con tàu tân tiến vượt sức tưởng tượng? Và phải chăng họ đã phát triển thành công động cơ phản trọng lực?

Những bằng chứng mỗi ngày một nhiều cho thấy rằng quân đội Hoa Kỳ đã bí mật sản xuất động cơ phản trọng lực rất tân kỳ nhờ vào kỹ thuật được thu hồi từ những con tàu của người hành tinh bị rơi. Nhưng họ sẽ đi xa đến đâu trong việc che đậy sự hiện hữu của kỹ thuật đó?

2.5 Anchorage, Alaska (revisited)

Trường hợp nầy đã được đề cập trong một chương trước và nay được ghi lại để bổ sung cho phần mới của đề tài nầy.

Đó là ngày 17/11/1986 tại Anchorage, Alaska.

Phi công Kenju Terauchi, một cựu phi công chiến đấu với nhiều năm kinh nghiệm phi hành, và một phi hành đoàn chuyến bay 1628 của Hãng Hàng Không *Japan Airlines* đang bay từ Paris đến Narita, Nhật. Đó là một chuyến bay thường lệ, bỗng nhiên hai *UFO* xuất hiện ngay phía trước phi cơ. Phi hành đoàn ngơ ngác nhìn trong khi hai *UFO* sau đó sát nhập với một *UFO* khổng lồ hình quả óc chó (walnut) trước khi chúng biến mất.

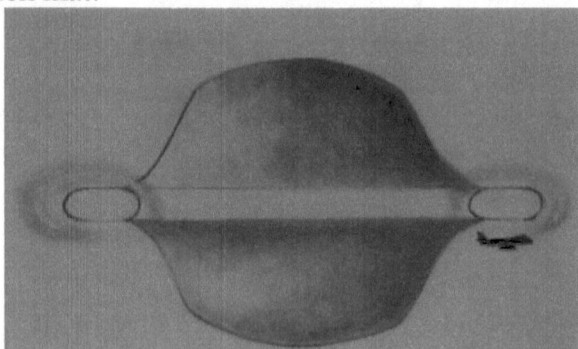

Ông mô tả lối bay của chiếc *UFO* nầy tựa như không hề bị ảnh hưởng của trọng lực. Phóng nhanh hay bay chậm lại theo những cách bất chấp mọi quy luật bay quen thuộc. Ông kết luận, không hiểu sao, vật bay đó đã vượt qua trọng lực.

Một tuần lễ sau, John Callahan, bấy giờ là trưởng ban thuộc Cơ Quan Quản Trị Hàng Không Hoa Kỳ (Federal Aviation Administration), tham dự một phiên họp đặc biệt của *FBI*,

Chương XII: Động cơ phản trọng lực

CIA, và chính toán nghiên cứu khoa học của tổng thống để xem xét biến cố Anchorage.

Nhưng Callahan ngạc nhiên khi nhận ra rằng thực ra ông đã được triệu tập để bàn giao cuộc điều tra.

Theo phát biểu của John Callahan,

When they get done, the CIA standing next to me says to the people, "This event never happened. We were never here. We're confiscating all this data and you're all sworn to secrecy."

(*Sau khi xong cuộc họp, gã CIA đứng cạnh tôi nói với mọi người, "Biến cố đó không hề xảy ra. Coi như chúng ta không hề có mặt ở đây. Chúng tôi đã tịch thu mọi dữ kiện và tất cả quý vị đã tuyên thệ phải giữ kín bí mật."*)

Kenju Terauchi và phi hành đoàn trong chuyến bay 1628 của hãng hàng không *Japan Airline* đã nhìn thấy trong bầu trời Alaska cái gì? Phải chăng đó là một *UFO*? Hay đó là một con tàu nhân tạo vận hành bằng phản trọng lực? Và chính phủ sẽ đi xa đến đâu trong việc ngăn chặn kỹ thuật đặc biệt tối mật đó lọt vào tay kẻ khác?

Theo nhiều chuyên gia và những báo cáo của các nhân chứng mắt thấy tai nghe, có một lực lượng an ninh thượng đẳng sẵn sàng tung ra khi được lệnh.

2.6 The Men in Black

Đó là tháng 3/2008, tại Needles, California.

Các nhân chứng ngơ ngác nhìn khi một vật sáng màu xanh rơi xuống sa mạc gần Sông *Colorado River*. Trong số những nhân chứng có một cựu Trưởng Ban An Ninh của phi trường quốc tế *Los Angeles International Airport*. Không bao lâu sau sự kiện đó, ông nhìn thấy một toán đáp ứng (response team) bay đến hiện trường nơi vật rơi, nhưng không như bất kỳ những gì ông từng thấy trước đó.

Chương XII: Động cơ phản trọng lực

Thay vì những đơn vị cấp cứu không quân bình thường, đó là một nhóm những trực thăng màu đen không có ghi chữ tập trung bên trên.

Toán nầy rời hiện trường và mang theo một vật sáng lớn được móc vào dưới bụng. Ông liên lạc với viên giám đốc của đài phát thanh địa phương của thành phố Needle để báo cáo sự việc, nhưng viên giám đốc nầy cũng có những tin li kỳ của riêng ông.

Trong mấy phút theo sau vụ vật bay rơi, ông nhìn thấy một đoàn xe *van* màu đen và những xe *SUV* có mang bảng số chính phủ chạy đến hiện trường. Bấy giờ nhiều người tin rằng họ là những người mặc đồ đen bí ẩn (men in black), tức những nhân viên mật vụ của chính phủ xuất hiện sau một vụ chứng kiến *UFO* để tịch thu bằng chứng và bịt miệng tất cả các nhân chứng.

Theo Nick Pope, nguyên Bộ Trưởng Quốc Phòng Anh, nếu họ là người của chính phủ thì có lẽ đó là một cơ quan tối mật nào đó. Có thể họ là những linh bộ binh có nhiệm vụ bưng bít *UFO*? Nhưng Pope có một giả thuyết khác, một giả thuyết làm đảo ngược khái niệm của quần chúng về tổ chức tối mật đứng bên trên. Phải chăng đó là một loại lực lượng cảnh sát người hành tinh? Phải chăng đó là những bảo vệ người hành tinh có nhiệm vụ bưng bít bí mật *UFO*? Phải chăng những người mặc đồ đen là những người hành tinh giả dạng người trái đất? Và nếu thế, thì phải chăng sự hiện diện của họ là một dấu hiệu của một loại chiến tranh lạnh giữa người hành tinh và người trái đất? Và liệu sự phát triển của một phi đội phản trọng lực của Hoa Kỳ sẽ đánh dấu một ngả rẽ khi mà cuộc chiến tranh lạnh mới nầy trở nên nóng bỏng?

Những bằng chứng mỗi ngày một nhiều cho thấy rằng chính phủ Hoa Kỳ đã bí mật phát triển kỹ thuật phản trọng lực vô cùng hùng mạnh, nhưng một số chuyên gia tin rằng những khách viếng người hành tinh của chúng ta hiện nhìn thấy đó như một mối đe dọa và đã bắt đầu can thiệp nhằm cố ngăn chặn kỹ thuật đó của người hành tinh rơi vào tay con người thêm nữa. Nhưng đã quá muộn? Phải chăng chúng ta đã vượt qua đường ranh bất phản hồi (point of no return)? Và phải chăng khó tránh khỏi một cuộc xung đột liên hành tinh về kỹ thuật phản trọng lực? Và sự tàn sát của người hành tinh có thể sẽ xảy ra dưới hình thức nào?

Chuyên gia Steve Bassett đưa ra một giả thuyết kinh hoàng.

Chương XII: Động cơ phản trọng lực

Người hành tinh có kỹ thuật có khả năng quét sạch người trái đất bất kỳ lúc nào họ muốn.

Đĩa bay nhìn thấy ở Paintsville có thể giữ vững chiến tuyến của nó chống lại một con tàu loạn chức năng đang chạy mà không hề hấn gì cả. Nếu người hành tinh có thể kiểm soát được loại sức mạnh phản trọng lực đó dưới hình thức một vũ khí thì họ có thể nâng những vật khổng lồ lên và bắn chúng đi như những quả trọng pháo siêu khổng lồ. Trong trường hợp xảy ra một cuộc tấn công đại quy mô, toàn bộ các thành phố có thể bị nghiền nát bởi những phi đội *UFO* được trang bị với những máy phóng phản trọng lực (anti-gravity projectors).

PHỤ LỤC

Đĩa Bay và Nguyên Tử

Primary references:
- Victor Thorn: New World Order Assassins
- Leo Lyon Zagami: Confessions of an *Illuminati* Vol II: The Time of Revelation and Tribulation Leading up to 2020
- Roger Stone & Saint John Hunt: The Bush Crime Family: The Inside Story of an American Dynasty
- William Boardman: Fukushima, a Global Conspiracy of Denial (http://readersupportednews.org/opinion2/271-38/21308-fukushima-a-global-conspiracy-of-denial)

1. Đĩa bay và người hành tinh

1.1 Antichrist

Mục tiêu tối hậu của tất cả những con người được thực sự khai sáng nên được xem là đặt để những nền tảng cho một nền văn minh mới có thể giải quyết được tình trạng nghèo và dốt, đưa đến một thời Hoàng Kim (New Age) cho nhân loại. Nhưng hoàn cảnh thật cực kỳ tế nhị và sự cân bằng có thể tan vỡ bất kỳ lúc nào, ngay cả bên trong những lãnh vực quyền thế, như đã từng xảy ra 2000 năm trước đây với sự xuất hiện của Chúa Jesus, và những hậu quả cho nhân loại vô cùng lớn lao. Thực vậy, chúng ta đang đứng giữa một cuộc chiến chống lại một phần tử Satan đầy thế lực hiện diện bên trong âm mưu New World Order đang cai trị trên đỉnh kim tự tháp thuộc một giai cấp của những kẻ không được khai sáng đến thế, những kẻ đang dọn đường cho sự xuất hiện của tên Phản Chúa (Antichrist) tối hậu của họ.

Bên trong những giáo hội Chính Thống (Orthodox Churches), có một cấu kết chặt chẽ hơn với thần học huyền bí và siêu hình truyền thống (mystical theology and traditional metaphysics). Father Seraphim Rose, một giáo sỹ Chính Thống người Mỹ, và là tác giả của cuốn Orthodoxy and Religion of the Future, đã xem xét hiện tượng của cái mệnh danh là những vụ viếng (visitation) của người hành tinh đến trái đất theo quan điểm Chính Thống. Dưới đây là phân tích của Đức Tổng Giám Mục Chrysostomos về cuốn sách đó:

Ông dành trọn chương – An Orthodox Christian Understanding of Unidentified Flying Objects (UFO) - của tác phẩm đó để nói về bản chất và ý nghĩa đích thực của những cuộc tiếp xúc của người hành tinh (aliens) với con người. Trước tiên cha Seraphim, tại một trình độ nhân tạo, đề cập vấn đề theo một cách khiến người ta liên tưởng đến lối suy nghĩ của Tin Lành chính thống; và những tư liệu của ông mất thời gian tính và chỉ tập trung trên những phúc trình mang tính giật gân về những vụ bắt cóc – những khuyết điểm bắt nguồn từ sự kiện một số những giới chức mà ông trích dẫn rõ ràng thiếu tinh thần khoa học. Tuy nhiên, sự phân tích sâu xa của ông về hiện tượng nói trên rất tài tình và hậu thuẫn phần lớn những gì mà tôi đã gợi ra về những cuộc tiếp xúc giữa người hành tinh và con người. Ông cũng nhận thấy rằng những người hành tinh trong những báo cáo đương thời về các vụ bắt cóc, bề ngoài, cũng tương tự như những ác quỷ (demons) đã từng được mô tả trong sử sách Chính Thống trong nhiều thế kỷ. Thực vậy, ông kể lại hai trường hợp ác quỷ bắt cóc (demonic kidnappings) ở Nga trong thế kỷ 15 và 19. Theo lời Father Seraphim, những vụ kidnappings nầy rất giống những vụ "abductions" của các đĩa bay hay UFO. Ông kết luận rằng tình trạng quỷ ám cổ điển – mà Giáo Hội Chính Thống đã biết đến từ nhiều thế kỷ - có thể giải thích được những vụ "bắt cóc" của người hành tinh mà chúng ta thấy trong thời hiện đại; và do tất cả sự "khai sáng" và vốn khôn đầy tự hào của họ, người hiện đại, một lần nữa, đang trở nên ý thức hơn về những kinh nghiệm như thế - như không còn có khung quy chiếu Cơ Đốc nhằm giúp giải thích chúng. Kết luận nầy phản ảnh một cách hoàn chỉnh những gì tôi đã nói về những vụ bắt cóc của người hành tinh và cách thức mà tín đồ Cơ Đốc nên nhận thức và quan niệm chúng cho đúng.

1.2 Vatican và người hành tinh

Cũng như những hiện tượng khác, hiện tượng đĩa bay (UFO) được tăng cường và thăng tiến bởi phong trào New Age (Thời Đại Mới) và cái mệnh danh là New World Disorder (Hỗn Loạn Thế Giới Mới) - thay vì New World Order. Đó không gì hơn là một yếu tố bên trong cái mệnh danh là religion of the future (tôn giáo của tương lai) đang dọn đường cho sự xuất hiện của tên Chống Chúa (Antichrist) – một hình thức tôn giáo mới không cần đến Thượng Đế, và – như đã từng rao giảng bên trong Illuminati – như một tập trung vào thuộc tính bán bình thường (paranormal) và sức mạnh cố hữu nơi con người. Tiến trình bị người hành tinh bắt cóc chính là tiến trình biến hóa cá nhân của nạn nhân. Con người có khuynh hướng xem đời sống như là những chu kỳ sinh/tử, tự đồng hóa với những sinh vật khác và thực thể khác, chấm dứt tư thế làm người, và hướng về vũ trụ như một quê hương. Tất cả những điều đó đều là những điều không được xác định, mơ hồ, và tùy tiện có thể vi phạm những giáo điều chính xác, chính thống Cơ Đốc và vi phạm lối sống kỷ luật và vâng lời theo đòi hỏi của tiến trình biến hóa tinh thần đích thực. Thực vậy, những đấng bề trên của giáo hội cảnh báo các tín đồ của họ đối với những rao giảng ngụy tạo như: đầu thai, ảo giác, và mất định hướng tinh thần. Những quan sát dành cho một người bị "bắt cóc" xác định đầy đủ những chiều chống Cơ Đốc (anti-Christian dimensions) trong những triết lý và tín lý sau vụ bắt cóc nơi những người đã tiếp xúc với "người hành tinh."

Do đó, khi chỉ ra những nội dung thường gặp, đôi khi thô bỉ trắng trợn, khủng khiếp, dối trá và làm bấn loạn tinh thần liên quan đến hiện tượng mệnh danh là UFO, phương án thần học nên xem xét phải chăng có sự can thiệp Ác Quỷ (Satanic intervention) trong những biến cố nầy. Đây là một vấn đề mà Giáo Hội Công Giáo không để ý đến. Không mấy ngạc nhiên khi Tòa Thánh Vatican gần đây đã làm thế giới kinh ngạc khi họ công khai thừa nhận có sự hiện hữu của người hành tinh.

Thực vậy, những cuộc phỏng vấn của Giáo sỹ Corrado Balducci, trưởng ban ma quỷ học (demonologist), và sau đó là của Father José Gabriel Funes, cựu giám đốc của Đài Thiên Văn Vatican với bài viết The extraterrestrial is my brother đăng trên tờ Observatore Romano đã khiến cho dư luận xôn xao triệt để.

Trong những năm gần đây hơn, một giáo sỹ Dòng Tên khác, Brother Guy Consolmagno, người kế vị Father Funes vào tháng 9/2015 trong chức vụ giám đốc mới của Đài Thiên Văn Vatican, đã trình diện một cuốn sách quái đản, nhan đề Would You Baptize an Extraterrestrial? viết chung với một người Dòng Tên khác tên là Paul Mueller. Sự kiện được quảng cáo rầm rộ nầy diễn ra vào ngày 18 và 19/9/2014, đúng một năm trước khi Consolmagno được Giáo Hoàng Phanxicô bổ nhiệm vào một vai trò quan trọng mới tại Thư Viện NASA/Library of congress Astrology Symposium.

Brother Guy Consolmagno nói với David freeman, trưởng biên tập khoa học của Huffpost:

Tôi tin có đời sống ngoài trái đất, nhưng tôi không có bằng chứng. Nếu có bằng chứng thì tôi sẽ thực sự phấn khởi và điều đó sẽ làm cho sự hiểu biết của tôi về tôn giáo của tôi sâu xa hơn và phong phú hơn theo những cách mà tôi không thể tiên liệu được – đó là lý do làm tôi phấn khởi.

Ngay cả Giáo Hoàng Phanxico cũng đã nhiều lần đề cập đến từ ngữ Extraterrestrials (người ngoài trái đất) trước công chúng:

Nếu, chẳng hạn, ngày mai một đoàn thám hiểm từ Hỏa tinh đến với chúng ta ở đây và có người nói, "tôi muốn được rửa tội!" thì những gì sẽ xảy ra?

(If, for example, tomorrow an expedition of Martians came to us here and one said 'I want to be baptized!,' what would happen?" Clarifying that he really was talking about aliens, the Pope said: "Martians, right? Green, with long noses and big ears, like in children's drawings.)

Để xác định ông thực sự đã nói về người hành tinh, Giáo Hoàng nói tiếp, Người Hỏa Tinh, đúng không? Da xanh màu lá cây, mũi dài và tai to, như trong những bức vẽ của trẻ con.

Trong một ẩn dụ khác, Giáo Hoàng rõ ràng đã xử dụng từ alien, có thể để tiết lộ nhiều hơn những gì ông đã thực sự tiết lộ:

Chúng ta không phải là những người cứu rỗi của bất kỳ ai, chúng ta là những sứ giả (transmitters) của một "người hành tinh (alien)" đã cứu vớt tất cả chúng ta và là đấng mà chúng ta có thể truyền tải lại, nếu chúng ta nhận sự sống của người hành tinh được gọi là Jesus đó trong sự sống của chúng ta, da thịt của chúng ta và lịch sử của chúng ta.

(We are not saviors of anyone, we are transmitters of an "alien" who saved us all and that we can transmit, if we take in our lives, in our flesh and in our history the life of this 'alien' called Jesus.)

Xin nhấn mạnh nhóm từ An Alien called Jesus? Đương nhiên khái niệm đó gợi lên một cuộc "cánh mạng" trong phương án Vatican-Alien/UFO. Thông qua Giáo Hoàng Ratzinger, các nhà thiên văn Dòng Tên đã xác nhận khả thể hiện hữu của người hành tinh trong vũ trụ. Trong chuyến viếng thăm Cuba và gặp Fidel Castro Ratzinger đã bàn luận nhu cầu phong phú hóa sự hiểu biết của chúng ta về những hình thức sống khác trong vũ trụ. Một hội nghị về sinh học thiên văn (astrobiology) sau đó được tổ chức tại Vatican vào năm 2009, với sự hiện diện của các nhà vậy lý thiên văn (astrophysicist) và sinh học vũ trụ (exobiologist), được tổ chức lại ở Tucson, Arizona, năm 2014.

1.3 Công Giáo Dòng Tên

Như chúng ta có thể thấy, quan điểm của Công Giáo Chính Thống (Orthodoxy) và Công Giáo Dòng Tên khác nhau rất nhiều. Công Giáo Dòng Tên phục vụ kế hoạch toàn cầu hóa của New World Order, xây dựng một cầu nối giữa tín ngưỡng tôn giáo và nghiên cứu khóa học, phủ nhận những gì được để lại của tiến trình tín ngưỡng bên trong đạo Công Giáo nhằm đứng về phía ác quỷ. Một video trên YouTube cách đây vài năm, trong đó Vladimir M. Gundyaev (được gọi là Holiness Patriarch Krill of Moscow và All Russia) tố cáo hiện tượng đĩa bay UFO như là sự liên kết với những sinh vật Satan: Vì đó chẳng phải người hành tinh hay đĩa bay gì cả mà chỉ là ác quỷ. Đương nhiên, cũng như nhiều chuyện khác trên Internet, đó có thể là bịa đặt trừ phi những thành viên khác của Giáo Hội Chính Thống Nga cũng lên tiếng về chủ đề trên lúc bấy giờ, cho thấy cùng một lập trường mạnh mẽ như bề trên Gundyaev của họ. Theo tường thuật của cơ quan thông tấn Nga Russian News Agency, lập trường của họ tuyên bố rằng, trên thực tế, những "thiên thần và ác quỷ" là những sinh vật ngoài trái đất (alien beings) mà chúng ta nên tránh. Tất cả những điều trên đã tạo ra hai hệ phái khác nhau trên thế giới: (i) Hệ Catholic Pro-Alien-demonic faction, đứng đầu là những tín đồ Dòng Tên và giáo hoàng; và (ii) Orthodox Anti-demon faction, đứng đầu là Patriarch Krill ở Moscow nói trên. Krill bỗng nhiên trở thành một mối đe dọa cho âm mưu New World Order, cũng như tổng thống của ông là Vladimir Putin.

Do đó dấy lên câu hỏi: phải chăng chúng ta đang chứng kiến một cuộc chiến thực sự? Nếu so sánh những giá trị Cơ Đốc của hai hệ phái nầy, người ta sẽ phải đồng ý rằng Cơ Đốc Chính Thống (Orthodox Christianity) là thực thể (real thing), trong khi Công Giáo Dòng Tên suy thoái thành đơn thuần một bóng đen của chính nó, và hiện nằm trong tay của nghị trình hỗn hợp Dòng Tên-Cộng Sản-Satan (Jesuit-Communist-Satanic agenda.)

Theo Leo Zagami trong Pope Francis, The Last Pope? Patriarch Kirill và tổng thống Nga Vladimir Putin dường như nhận thức được rằng, trong trò chơi ồn ào nầy, trước khi Quái Vật cài bẫy cho phần còn lại của nhân loại, có thể họ sẽ hành động chống lại âm mưu thao túng bi thảm của các cường quốc sắp đến trên thế giới. Chúng ta hãy xem trong giai đoạn bi thảm và đầy mặc khải nầy được ước tính sẽ chấm dứt vào năm 2020, nhân loại liệu có thể biểu hiện Vương Quốc đích thực của Thượng Đế và lẽ phải, thay vì ách độc tài chống xã hội đang ló dạng và được thiết kế bởi nhóm toàn cầu hóa Bilderberg Club và kế hoạch ác quỷ mà chúng ta đã bắt đầu phơi bày. Số phận của hành tinh và *nền* văn minh của chúng ta, với từng ngày trôi qua, dường như đang khập khểnh đi trên một lưỡi dao đầy nguy hiểm. Một mặt là ác mộng lạc vị tồi tệ nhất của chúng ta; một mặt là lời hứa về một thời Hoàng Kim (Golden Age).

Đó phải chăng là một phần của kịch bản tiên tri "thiện phía Nga chống ác phía Âu Châu và Hoa Kỳ"? Hay ngược lại đó là một phần của một kịch bản được soạn thảo cẩn thận bởi những tay đầu sỏ bí mật và những Sư Tổ Vô Hình núp phía sau New World Order? Như đã được nói trong Kinh Thánh cách đây gần 2,600 năm, tiên tri Daniel đã tiên đoán những biến cố ảnh hưởng đến thế giới vào những Ngày Cuối (Last Days,) khi một Đền Thờ thứ ba (third Temple) trở thành tụ điểm chú ý của thế giới. Phải chăng chúng ta đang sống những ngày cuối như Daniel đã nói? Có thể là như thế, vì Israel và âm mưu New World Order hiện có những kế hoạch xây dựng một Ngôi Đền thứ ba tại một vị trí thiêng liêng hàng thứ ba của Hồi Giáo mang tên Dome of the Rock. Những biến cố hiển thị và những chuyện hằng ngày đang xảy ra trước mắt chúng ta. Trong khi phần lớn những tác giả tiên tri Kinh Thánh về thời kỳ tận thế đã cho rằng nguồn gốc nước Nga đến từ quốc gia cổ xưa tên là Magog. Điều đó dứt khoát không đúng. Huyền thoại nầy thực ra bắt nguồn từ giữa thập niên 1980, và được xây dựng trên những phát biểu và ngôn ngữ lịch sử bị cố tình xuyên tạc. Mặc dù những tài liệu cổ đã được tìm thấy và trình bày một câu chuyện khác về danh tánh của Magog cũng như nguồn gốc của nước Nga, huyền thoại "Nước Nga là Magog" vẫn tiếp tục tồn tại.

2. Liên hệ quái đản giữa hạt nhân và đĩa bay (UFO)

2.1 Roswell UFO Crash

John Whiteside Parsons, một chuyên gia về động cơ phản lực (jet propulsion), và L. Ron Hubbard, người sáng lập giáo phái Scientology đồng thời là cựu sỹ quan tình báo Hải Quân, có dính líu đến một dự án đặc biệt giữa năm 1945 và 1946. Dự án đặc biệt nầy được thi hành trên sa mạc California, và được báo cáo như một phần của nghi lễ hắc thuật (black witchcraft) mang tên Babylon Working. Nghi lễ hắc thuật nầy được thiết kế bởi Aleister Crowley, chết năm 1947, năm xảy ra cái mệnh danh là Roswell UFO crash (vụ rơi đĩa bay ở Roswell) và là năm ban hành Đạo Luật National Security Act. Mục tiêu của loạt lễ nghi do Parsons và Hubbard thực hiện là giải tỏa cái mệnh danh là interdimensional gateway (cổng liên chiều), vốn, theo lời họ nói, đã bị phong tỏa trong thời thượng cổ, do đó cho phép những thực thể của những chiều khác mang tên Old Ones truy cập hệ không thời gian (space/time continuum) của chúng ta.

Tuy nhiên, có một "hợp đồng" hấp dẫn khác liên quan đến vụ rơi đĩa bay Roswell nói trên, vì sự xuất hiện đáng kể đầu tiên (first major sighting) của những vật bay lạ (unknown flying objects) xảy ra ở Hoa Kỳ vào mùa hè 1947, đúng hai năm sau khi Hoa Kỳ thả hai quả bom nguyên tử xuống Hiroshima và Nagasaki của Nhật khiến gần 200,000 người bị giết. Không cần phải tưởng tượng nhiều mới nhìn thấy được rằng, một khi những vũ khí giết người hàng loạt nầy đã được một trong những quốc gia văn minh nhất Trái Đất xử dụng, thì một ngày nào đó chúng cũng có thể sẽ được xử dụng một lần nữa. Vào năm 1947, kho vũ khí hạt nhân nầy được thí nghiệm tại cùng khu vực mà sự hiện diện lớn lao của những UFO bắt đầu xảy ra tại vùng đông nam Hoa Kỳ. Người ta nhìn thấy nhiều đĩa bay ở Hoa Kỳ kể từ mùa hè 1947 với hơn 800 trường hợp được báo cáo trong vòng 6 tuần lễ - một nữa số nầy xảy ra vào ban ngày. Những trường hợp nhìn thấy đĩa bay tăng lên cao điểm trong vài tuần lễ, và sau đó dừng lại đúng vào giai đoạn người ta nhìn thấy một vật lạ rơi vào ngày 4/7/1947 gần thành phố Corona ở New Mexico, và gần tổng hành dinh của căn cứ không quân Roswell Army Air Field, bấy giờ là tổng hành dinh của đơn vị 509th Operations Group (509 OG), có từ Đệ Nhị Thế Chiến. Chính đơn vị nầy đã tiến hành vụ ném bom nguyên tử xuống Hiroshima và Nagasaki vào tháng 8/1945. Vào năm 1946, đơn vị nầy được đổi tên thành 509th Bombardment Group. Do biên chế hậu chiến, đơn vị nầy trở thành tổ chức duy nhất trên thế giới được trang bị để xử dụng bom nguyên tử. Vào mùa hè 1947, một khu vực rất tối tân về mặt kỹ thuật và có tiềm năng rủi ro đã biến mất trên thế giới.

2.2 Atomic Energy Act

Song song với tất cả những sự kiện trên, vào ngày 20/12/1951, một trạm thí nghiệm mang tên EBR-I gần Arco, Idaho, đã trở thành lò phản ứng đầu tiên ngay ban đầu có thể sản xuất khoảng 100 kilowatts – điện lực đầu tiên do một lò phản ứng nguyên tử tạo ra. Vào ngày 8/12/1953, Tổng Thống Dwight Eisenhower đọc bài diễn văn nổi tiếng Atoms for Peace của ông trước Đại Hội Đồng Liên Hiệp Quốc. Eisenhower đề nghị biến cải nguyên tử từ một hiểm họa thành phúc lợi cho nhân loại. Vào năm 1954, chẳng bao lâu sau bài diễn văn lịch sử đó, một tu chính được thông qua để cho phép nhanh chóng tái phân cấp kỹ thuật Hoa Kỳ liên quan đến những lò phản ứng hạt nhân, và khuyến khích phát triển kỹ thuật mới nầy bởi những tập đoàn tư nhân khắp thế giới. Đó gọi là Đạo Luật Năng Lượng Nguyên Tử (Atomic Energy Act).

Đó có phải là một động thái tích cực? Như thường lệ, có những quyền lợi to lớn được tính toán trên đỉnh kim tự tháp quyền lực đang cai trị thế giới. Vào năm 1954, Nhật quyết định chi 230 triệu yen để phát triển năng lượng hạt nhân, và như thế chính thức phóng lên chương trình hạt nhân. Luật Basic Law on Atomic Energy Development giới hạn việc xử dụng hạt nhân vào những mục tiêu hòa bình, và lò phản ứng nguyên tử đầu tiên được công ty Anh British GEC xây dựng ở Nhật - British GEC là một công ty nằm dưới quyền kiểm soát của Tam Điểm Anh và của người sáng lập của nó, Baron Arnold Weinstock (1924-2002). Weinstock là một thương gia Anh và được tờ báo nổi tiếng của Anh, The Guardian, gọi là "kỹ nghệ gia hậu chiến vĩ đại nhất của Anh."

2.3 Rothschild và Nữ Hoàng Anh: Độc quyền Uranium
Ngoài chức năng nhà sáng lập của GEC, ông có một lai lịch đáng lưu ý. Ông là con trai của những người nhập cư Ba Lan gốc Do Thái thuộc giai cấp lao động, và chắc chắn ông không giàu. Nhưng, nhờ vào tài kinh doanh xuất sắc trong lãnh vực năng lượng nguyên tử và hỗ trợ hoạt động vận động hành lang của Do Thái, ông được ân thưởng huân chương Knight of the Kingdom của Nữ Hoàng Anh vào năm 1970. Về sau, ông thậm chí còn được nhận huân tước với danh hiệu Baron of Weinstock Bowden ở County of Wiltshire. Tất cả chỉ vì – một điều khó tin – Nữ Hoàng Elizabeth II bấy giờ đang làm chủ những mỏ Uranium khắp thế giới, kể cả Hoa Kỳ, Canada, và Phi Châu. Để tiến hành dịch vụ kinh doanh đầy tranh cãi nầy một cách bí mật, bà xử dụng nhóm Rio Tinto Group, một công ty đa quốc Anh-Úc có trụ sở ở London, chuyên đi tìm, khai thác, và chế biến những tài nguyên mỏ của trái đất; và công ty nầy được thành lập vào cuối thập niên 1950, nhờ vào thế lực hoàng gia Anh.
Ban đầu đó là sự can thiệp của một "cố vấn về những vấn đề Phi Châu (advisor for African affairs) của Nữ Hoàng. Cố vấn đó là một người Đức tên Roland Walter Fuhrhop, vốn là một người nhà quê nhưng được xem là một người hậu thuẫn nhiệt tình cho Hitler – đồng thời cũng là một tên đồng tính kiêu ngạo và đáng ghét, thường được gọi là "Tiny Rowland." Tay nầy là một thành viên đắc lực của Phong Trào Nazi Youth Movement, và âm mưu tổng hợp "nguyên tử" dường như bao

gồm những tên Do Thái, hoàng gia Anh, và những cựu thành viên Đức Quốc Xã. Tóm lại, đó là một cấu kết nguyên tử thực sự (truly atomic mix).

Người ta có thể thắc mắc ai làm chủ phần còn lại của những mỏ uranium trên hành tinh nầy. Vào năm 1995, cố Dr. Kitty Little, một nhà vật lý học nguyên tử hồi hưu thuộc Trung Tâm nghiên cứu Atomic Energy Research Establishment của Anh, đã đưa ra một tuyên bố đầy kinh ngạc, theo đó, gia đình Rothschild kiểm soát 80% sản lượng uranium khắp thế giới. Trên căn bản, Dr. Kitty Little xác định gia đình nầy nắm độc quyền trong kinh doanh nguyên tử, nhưng chúng ta biết đó chỉ đúng một phần thôi, vì Hoàng Gia Anh cũng nắm một phần trong đó. Một cách công khai, có thể Dr. Kitty Little không bao giờ thú nhận điều đó, vì chính bà là một thành viên đắc lực của chế độ quân chủ Anh. Trường hợp nào đi nữa, đơn vị chịu trách nhiệm xây dựng nhà máy điện nguyên tử đầu tiên ở Nhật là GEC (General Electric Company) của Bá Tước Weinstock, và đó là khởi đầu cho một ác mộng đưa chúng ta đến thăm họa Fukushima đang từng bước giết chết Thái Bình Dương. Chúng tôi sẽ trở lại vấn đề Fukushima sau tiểu mục nầy.

3. Những mẩu chuyện nguyên tử

3.1 The Tibetan

Vào ngày 27/9/2010, một biến cố chưa từng thấy làm rung chuyển báo chí thế giới khi một nhóm người gồm những cựu viên chức quân đội tổ chức một cuộc họp báo thanh minh (press clarification conference) tại Câu Lạc Bộ Báo Chí Quốc Gia (National Press Club), với ý định chính thức yêu cầu một cuộc điều tra và công bố thông tin về những trường hợp mờ ám đã xảy ra trong quá khứ, trong đó người ta đã chứng kiến sự dính líu và hiện diện của các đĩa bay tại những căn cứ quân sự có chứa những dàn phi đạn hạt nhân. Cử tọa gồm có tám cựu viên chức của quân lực Anh và Mỹ, đại diện cho một nhóm hơn 120 cựu quân nhân hay sỹ quan hồi hưu đã chính mắt chứng kiến cảnh đối tác giữa đĩa bay và các dàn nguyên tử liên kết với hệ thống Military Industrial Complex. Trường hợp cuối cùng xảy ra vào năm 2003. Trong một số trường hợp, một vài phi đạn nguyên tử đồng loạt ngưng hoạt động mà không có một lý do nào rõ ràng, đúng vào lúc một vật tròn không danh tính lặng lẽ bay lơ lửng bên trên căn cứ quân sự. Vật lạ nầy không quan tâm đến nguy hiểm và dường như đang theo dõi tình hình – chứng tỏ nó có một thế thượng phong kỹ thuật rõ rệt. Những trường hợp nầy ăn khớp với sự mô tả về UFO của Jean Pierre Giudicelli, một nhân viên tình báo Pháp và cũng là một tín đồ thần bí Pháp. Chúng cũng ăn khớp với một số thực thể nào đó nằm phía sau những hoạt động bí mật của quân đội, được xem như rất thượng đẳng đối với chúng ta về mặt kỹ thuật, có khả năng kiểm soát được những trang bị chiến tranh trên trái đất và những vũ khí nguyên tử. Nhưng có một cái gì thậm chí còn lập lờ hơn như một chỉ dấu cho sự khởi đầu của Thời Đại Nguyên Tử (Atomic Age) – được giới lãnh đạo của New World Order và những người hậu thuẫn phái thần bí của nó cổ xúy rất mạnh. Có một loạt thông điệp đặc biệt mách báo, được truyền tải bởi một cá nhân mệnh danh là Djwal Khool, còn gọi là "The Tibetan (Ngài Tây Tạng)," phát ngôn nhân của Hội quán Great White Lodge thuộc giáo phái Theosophist cho đến giữa thập niên 1950.

Djwal Khool nầy truyền đạt qua trung gian của tín đồ Theosophist Alice Ann Bailey. Bailey cũng mô tả Djwal Khool như là "The Christ": The Tibetan yêu cầu tôi nói rõ rằng, khi nói về Christ, ông ám chỉ cái tên chính thức của ông là Head of the Hierarchy (Minh chủ Hệ Thống). Christ làm việc cho mọi người không phân biệt tín ngưỡng; Christ không thuộc về thế giới Cơ Đốc, cũng chẳng thuộc về Phật Giáo, Hồi Giáo, hay bất kỳ cái gì khác. Người ta không nhất thiết phải theo đạo Cơ Đốc mới làm tín đồ của Christ.

Dưới đây là những gì họ tuyên bố khi đề cập đến vấn đề năng lượng nguyên tử:

Bây giờ tôi muốn đề cập đến biến cố tinh thần lớn nhất đã xảy ra kể từ khi xuất hiện vương quốc thứ tư của thiên nhiên,

Phụ Lục: Đĩa Bay và Nguyên Tử

tức vương quốc nhân loại (human kingdom). Tôi muốn ám chỉ việc giải tỏa năng lượng nguyên tử, như được tường thuật trên báo tuần nầy, ngày 6/8/1945, liên quan đến vụ ném bom ở Nhật. Một vài năm trước đây tôi đã nói với bạn rằng kỷ nguyên mới sẽ được các khoa học gia thế giới đưa vào và sự đăng quang của vương quốc Thượng Đế trên Trái Đất sẽ được báo hiệu bằng công trình nghiên cứu khoa học thành công. Nhờ vào bước đầu trong việc giải tỏa năng lượng nguyên tử, tiến trình nầy đã được hoàn tất, và lời tiên tri của tôi đã được biện minh trong năm quan trọng của Chúa – năm 1945. Tôi xin nói thêm vài điều về sự khám phá nầy để bạn tự diễn dịch và ứng dụng. Chưa ai biết gì nhiều, chứ đừng nói là hiểu, bản chất thực sự của biến cố nầy. Một số ý tưởng và tư duy được gợi ra có thể có giá trị thực sự ở đây và giúp bạn thấy được biến cố đầy ấn tượng nầy trong viễn ảnh tốt hơn.

The Tibetan và Alice A. Bailey – phát ngôn nhân của ông – xin lỗi quá đáng về năng lượng nguyên tử, và không chỉ xem nó như vũ khí, và còn là một năng lượng thiêng liêng (divine energy): Lực cứu rỗi nầy là năng lượng mà khoa học đã giải tỏa vào thế giới để hủy diệt, trước tiên, những ai tiếp tục thách thức Lực Sáng (Forces of Light) đang tác động thông qua Liên Hiệp Quốc. Lời thú nhận nầy là bằng chứng rõ rệt về những ý đồ tội ác của những tên phù thủy của cái mệnh danh là New Age đang chuẩn bị cho nổ thế giới để thiết lập New World Order qua trung gian Liên Hiệp Quốc. Bên trong những hàm ngụ nầy phía sau việc phá vỡ nguyên tử, và chống lại nền tảng của trật tự thiên nhiên, không thể có một hòa giải nào, vì năng lượng nguyên tử mở ra một cái giếng không đáy.

3.2 Giáo Phái Theosophist

Những ảo thuật gia và giáo phái Theosophist của New World Order đã và đang đánh phá Phật Giáo Tây Tạng (Lamaism) và nhiều tổ chức tôn giáo hay tín ngưỡng khác. Họ giả vờ là hiện thân của Jesus, Buddha, Krishna, Hermes, Zoroaster, Pythagoras, và ngay cả George Washington hay Joan of Arc khi thông báo sự xuất hiện công khai của họ đang đến ngày diễn ra. Tiến trình đó sẽ bắt đầu với sự xuất hiện của Christ-Maitreya – tức giáo chủ tôn giáo toàn cầu của họ. Đó sẽ là một mô phỏng thô bỉ của sự trở về của Christ. Một số người đã bị lừa bởi cái mệnh danh là New Age và lời hứa về một Thời Đại Hoàng Kim (Golden Age). Có thể nói một đạo quân ngụy tiên tri đang dẫn dắt những người mù trên những con lộ ảo tưởng đang rộng mở bên trong phong trào New Age Movement. Hội Quán Tam Điểm Great White Lodge đã bành trướng ảnh hưởng của họ sang tất cả những tổ chức quốc tế: Liên Hiệp Quốc, UNESCO, Tổ Chức Y Tế Thế Giới (WHO), và nhiều câu lạc bộ khác nhau khắp thế giới, trong đó, những nhân viên của Illuminati tiến hành công tác hiện thực hóa kế hoạch của họ trong các lãnh vực tài chánh, chính trị, và văn hóa. Thực ra, Hội Quán Tam Điểm Great White Lodge nói trên chỉ là một cổng vào tà đạo. Một trong những tuyên bố của Djwal Khool cho thấy những ảo thuật gia của Tây Tạng đang sụp đổ và sẵn sàng phát tán hỗn loạn lên thế giới. Tuyên bố của Djwal Khool về bom nguyên tử khó lòng che đậy ý đồ của nó dưới một phân tích triết học về ý nghĩa đạo đức.

Để làm sáng tỏ mối liên hệ giữa Hội Quán Great White Lodge và năng lượng nguyên tử, nhà nghiên cứu người Pháp Joël Labruyère đã tìm đến một Mr. Bhodyoul nào đó; và người nầy, ngoài tư thế một học giả có đầu óc tự do đồng thời là một người biết rất rành về ma thuật Tây Tạng, thường khoe khoang tổ tiên của ông từng có những thành viên của hội Buddhist Brotherhood of Lohan, giáo phái Karmapa Lama (nón đỏ) và Phật Giáo Tây Tạng chính thống Lamaism of the Gelugpa (nón vàng).

Câu hỏi của Labruyere như thế nầy:

- Tại sao năng lượng nguyên tử có mục đích tinh thần?

Mr. Bhodyoul:

- Hội Quán Eastern Lodge of the Mahatmas (hay Hidden Masters) cần nâng cao mức phóng xạ để tăng cường việc kiểm soát nhân loại. Đó là một chương trình ô nhiễm nhằm gây căng thẳng cho chúng ta. Khi thúc đẩy những lợi ích của

Phụ Lục: Đĩa Bay và Nguyên Tử

bom nguyên tử, The Tibetan, tại một điểm nào đó, thú nhận rằng những vụ nổ nguyên tử dưới lòng đất có thể loại bỏ những kẻ thù vô hình. Tất cả chuyện đó có mục đích gì? Xin thưa, một số nghiên cứu nội bộ cho thấy rằng những tín đồ của Hội Quán Eastern Lodge cố tiêu diệt một số tổ chức đồng chí nào không muốn gia nhập vào trò chơi của họ và phản đối họ. Do đó, chúng ta hiểu được rằng chức năng bí mật của sức mạnh nguyên tử là nuôi dưỡng một cuộc chiến bí mật viện cớ những thí nghiệm "hòa bình."

Đối với Bailey, bom nguyên tử là một công cụ hữu ích, Nó sẽ thay đổi lối sống của con người và khai mạc Thời Đại Mới (New Age) trong đó chúng ta sẽ không có những nền văn minh và những nền văn hóa phát sinh từ chúng, mà sẽ có một nền văn hóa thế giới duy nhất và một nền văn minh nổi trội, để chứng minh sự tổng hợp đích thực làm nền tảng cho nhân loại. Đương nhiên, tổng hợp nầy là New World Order: "On all sides the need for a New World Order is being recognized."(Nhu cầu về New World Order được nhìn nhận từ mọi phía.) Khi phản đối chủ trương bảo thủ của Cộng Đồng Vatican II hiện diện lúc bấy giờ trong Tòa Thánh, Alice Bailey đã tố cáo những chủ trương đó không có khả năng đặt để chính trị sang một bên và chăm lo phận sự tôn giáo – nhằm đưa con người gần với Chúa Tình Thương hơn. Chắc chắn đó là một khẳng định mạnh mẽ và một khẳng định đúng trong trường hợp nầy. Tuy nhiên, việc xử dụng (hoặc đe dọa xử dụng) năng lượng nguyên tử được quan niệm như một lực khai phóng cho thấy Bailey chỉ giả vờ phản đối Giáo Hội La Mã. Chẳng hạn, Bailey hoàn toàn biện minh việc xử dụng bom nguyên tử chống lại Nhật; và điều nầy cho phép chúng ta hiểu rõ hơn câu nói của bà: The hour of service of the saving force has now arrived (Giờ phục vụ của sức mạnh cứu rỗi nay đã đến.) Nhưng cái mệnh danh là saving force được Bailey mô tả một cách phấn khởi lập tức biến thành phản đề đích thực, trở thành một lực hủy diệt, và như thế làm lệch cán cân tế nhị của vũ trụ. Thực vậy, sự tăng tốc phi thường về tiến hóa của thế kỷ 20, kể cả hai đại chiến thế giới, và gần đây hơn, trước và sau khi bước vào thiên kỷ mới, những thí nghiệm và những co giật bên trong hệ thống với hàm ngụ tận thế... tất cả dường như đang thôi thúc chúng ta đến một hướng trình vũ trụ tất yếu. Tựa hồ như có ai đó – hay một cái gì đó – đang cho phép chúng ta truy cập những kỹ thuật tân tiến, như năng lượng nguyên tử, chỉ để trắc nghiệm chúng ta, và thực sự xem bản chất tự diệt của chúng ta chung quy có đưa chúng ta đến diệt chủng hay không.

Đây là phát biểu của nhà văn Philip Jose Farmer trong cuốn tiểu thuyết khoa học giả tưởng Inside-Outside:

Từ trên đỉnh kim tự tháp, những quyền lực siêu nhân điều khiển những người cai trị hữu hình hay vô hình, điều khiển sự tiến hóa của các hệ thống tinh tú, hành tinh, và tất cả sinh vật sống trong đó, kể cả con người. Nếu quả thực như vậy thì quan điểm của con người, rất hạn chế, sẽ không thể lãnh hội được tổng thể những quy trình của các chu kỳ tinh tú và hành tinh, tương tự như một tế bào trong cơ thể không thể hiểu được tất cả những cấu trúc khác nhau giúp tạo ra nó.

Ngày nay chính sự bất hạnh gắn liền với chủ nghĩa duy vật là đặc tính của văn minh Do Thái-Dòng Tên (Judeo-Christian). Tội ác của nền văn minh nầy là làm băng hoại không những chúng ta mà những nền văn hóa khác như văn hóa Nhật Bản.

3.3 Israel và thảm họa Fukushima 2011

Trở lại nhà máy điện nguyên tử Fukushima của Nhật và vai trò của Israel trong thảm họa đó. Xin nhớ rằng tiến trình phản ứng nhiệt hạch (nuclear fusion) vẫn tiếp tục, đang tiếp tục sau nhiều năm; và có thể là hậu quả của một hình thức trả thù của tình báo Israel đối với Nhật... vì rõ ràng họ xem Nhật có tội khi hỗ trợ sự ra đời của Nhà Nước Palestine. Một âm mưu chăng? Xin ghi nhận kỹ phần trình bày sau đây. Mario Agostinelli, một nhà sinh thái học, một thành viên công đoàn chính trị và mậu dịch đã viết vào tháng 3/2015:

Tin tức từ Bloomberg ngày 25/2/2015 cho thấy những quan ngại của TEPCO, tập đoàn điện lực Nhật Bản, theo đó, bốn năm sau vụ nóng chảy (meltdown) của nhưng lò phản ứng nguyên tử và của những thùng dầu phóng xạ (spent fuel rods) ở Fukushima, tập đoàn nầy đang điều tra nguyên nhân của hiện tượng tăng vọt phóng xạ được ghi nhận vào *tháng 2/2015* trong đường cống nước dẫn ra Thái Bình Dương – bốn năm sau khi xảy ra tai nạn. Rõ ràng nước mưa hãy còn bị nhiễm xạ do tiếp xúc với các chất phóng xạ. TEPCO đã tìm thấy 23,000 đơn vị chất cesium-137 trong mỗi lít nước mưa được tích lũy trên mái của lò phản ứng số #2 – giới hạn pháp định của chất cesium-137 trong chất thải không vượt quá 90 đơn vị becquerel/mỗi lít. Con số 23,000 becquerels là một liều lượng chết người, duy trì và phát tán theo thời gian, cộng với sự kiện nhiễm xạ như thế không thể tính toán được về mặt rủi ro sinh ra ung bướu. Rõ ràng những thiệt hại trong biển vẫn đang xảy ra, ngay cả sau khi di tản 160,000 người trong khu vực. Chính phủ Nhật bắt đầu phục hồi 11 địa phương gây nhiễm xạ nghiêm trọng nhất cho tỉnh Fukushima vào tháng 3/2014, nhằm giảm bớt lượng nhiễm xạ hằng năm. Sự hiện diện của nước nhiễm xạ là một sự kiện mới mà tai nạn Chernobyl không bị: những lò phản ứng của Fukushima là những lò phản ứng chạy bằng ước trung hòa (water moderated reactors), và, nếu xảy ra một vụ nóng chảy trong tâm thì chúng ta tìm thấy nước lạnh loang ra biển, khiến phát tán phóng xạ qua thủy lưu đi khắp thang thực phẩm (food chain) trong đại dương. Không may, thông tin nầy tuân theo tiêu chuẩn bí mật và thiếu trong suốt của toàn bộ hệ thống hạt nhân: hiện không kiểm soát được một cái gì và những dữ liệu về nhiễm xạ và hậu quả y tế đã bị che đậy và thao túng rất nghiêm trọng ngay từ đầu, khiến khó mà đưa ra những công bố và dự báo.

Theo lời của Agostinelli bên trên, chúng ta nhận thức được rằng vấn đề ở Fukushima không những không được giải quyết mà còn tiếp tục là đề tài bưng bít và ém nhẹm bởi đám cai trị ẩn danh của hành tinh, vì họ rõ ràng không muốn ngưng việc xử dụng năng lượng hạt nhân. Rõ ràng họ muốn gây nhiễm hành tinh hơn thế nữa, vì đó là ý chí của những cái mệnh danh là Invisible Masters đứng phía sau đám quyền quý của cái mệnh danh là New Age, và Hội Quán Eastern Lodge của họ đang cai trị Liên Hiệp Quốc cùng với Dòng Tên và tập đoàn Do Thái Zionism.

Đây là âm mưu và kế hoạch của Israel nhắm vào Fukushima thông qua một loại khuẩn vi tính chết người (lethal computer virus) mà Israel đã tạo ra; và loại khuẩn nầy có thể đã giúp nghị trình đó tác hại đến Fukushima xa hơn nữa.

Vào thời điểm xảy ra tai nạn, nhật báo Haaretz của Israel tuyên bố rằng công ty Magna của Israel chịu trách nhiệm an ninh của nhà máy điện nguyên tử Fukushima Daiichi trước khi tai nạn xảy ra vào ngày 11/3/2011. Theo Yoishi Shimatsu, cựu chủ biên của tuần báo Japan Times Weekly, Israel không thể tha thứ sự kiện Nhật Bản hậu thuẫn cho nhà nước Palestine mới. Nói cách khác tình báo Israel đã phá hoại lò phản ứng để trả đũa việc Nhật hỗ trợ một nhà nước Palestine độc lập.

3.4 Tội ác của George W. Bush và Dick Cheney

Yoishi Shimatsu cũng nói rằng những thiết bị nguyên tử nầy được chở đến nhà máy vào năm 2007 theo lệnh của Dick Cheney và George W. Bush, với sự đồng lõa của Thủ Tướng Israel bấy giờ là Ehud Olmert. Thiết bị được chuyên chở dưới hình thức những lõi đầu đạn (warhead cores) được bí mật lấy đi từ căn cứ đầu đạn hạt nhân BWXT Plantex gần Amarillo, Texas. Trong khi hành động như một đơn vị trung gian, Israel đã vận chuyển những đầu đạn đó từ cảng Houston, và trong quá trình nầy, Israel đã giữ lại những đầu đạn tốt nhất và giao cho Nhật những lõi đầu đạn cũ hơn sẽ phải được làm giàu hơn tại Fukushima. Những đầu đạn tốt mà Israel giữ lại còn chứa nhiều uranium và plutonium trong khi những đầu đạn chở đến Nhật đều là những đầu đạn trống rỗng về sau cần phải được tái tạo (regenerated) hay làm giàu hơn với uranium và plutonium tại nhà máy Fukushima để sau đó được giả định xử dụng trong khu vực cho những mục tiêu quân sự. Tuy nhiên, đây là một sai lầm nghiêm trọng của chính phủ Nhật: theo các chuyên gia, sai lầm nầy về sau gây thiệt hại thậm chí còn lớn hơn theo sau trận động đất và sóng thần.

Không có tài liệu nào cho biết trong số những đầu đạn hạt nhân được tái phục với uranium và plutonium của Nhật có số nào được mang ra nơi khác ngoài nhà máy Fukushima hay không. Nếu thế thì số đầu đạn đó được bảo tồn sau tai nạn và Nhật đã âm thầm trở thành một quốc gia nguyên tử không tuyên bố. Người ta nghi ngờ giả thuyết đó, nghĩa là có thể tất cả những đầu đạn hạt nhân được tái phục kia đều nằm ở Fukushima để rồi bị phá hủy và gây nhiễm mà thôi. Ngoài mục tiêu trục lợi và trả thù, Israel khó lòng để cho Nhật trở thành một quốc gia nguyên tử. Ở điểm nầy, đương nhiên có âm mưu đồng lõa của Hoa Kỳ vì Dick Cheney và George W. Bush đã cho phép đánh cắp những đầu đạn hạt nhân của Hoa Kỳ, vi phạm thỏa ước cấm phổ biến vũ khí hạt nhân. Ngoài mặt họ áp dụng thỏa ước nầy rất gắt gao đối với những quốc gia kẻ thù của Isarel như Iran, Syria, chẳng hạn, nhưng không những họ làm ngơ để Israel chế tạo vũ khí nguyên tử mà còn trực tiếp trao cho Israel những đầu đạn hạt nhân chứa đầy uranium và plutonium. Họ đã đặt những đầu đận hạt nhân vào tay Israel trong khi có thể họ không nắm vững ý đồ thực sự của Israel là gì và không lường được những hậu quả khốc liệt sẽ đến cho Nhật và các quốc gia thuộc khu vực Thái Bình Dương. Cũng có thể họ biết được ý đồ của Israel nhưng họ không thể làm gì khác vì đó là âm mưu quốc tế của Illuminati và New World Order.

3.5 Khuẩn vi tính Stuxnet

Trên một mặt trận khác, Michael Joseph Gross, chủ biên của tờ Vanity Fair, mô tả một khuẩn vi tính (computer virus) trong một bài báo dài trên tờ báo nầy, trong đó khuẩn nầy ban đầu tự nó là nguồn gốc của một hành động chiến tranh, mặc dù tiềm ẩn, chống lại chương trình hạt nhân của Iran – đó là khuẩn mang tên STUXNET.

Theo phúc trình về sau của Công Chúa Nakamaru, Israel thậm chí đã cài lắp một thiết bị hạt nhân dưới biển, ngoài khơi nhà máy Fukushima. (Thiết bị hạt nhân nầy được giả định gây ra động đất và sóng thần ở khu vực Fukushima.) Theo các "chuyên viên" của tờ Wired (Do Thái), thông tin đó không có cơ sở. Tuy nhiên, tờ Wired không luôn luôn là một nguồn đáng tin cậy vì nó dính líu đến hệ thống siêu quyền lực New World Order.

Thậm chí Yoishi Shimatsu còn chính xác vạch ra tầm quan trọng của khuẩn Stuxnet trong biến cố Fukushima khi ông viết rằng khuẩn Stuxnet đã đột nhập hệ thống trong vòng 20 phút trước khi khởi động tiến trình phản ứng hạt nhân tại trung tâm Fukushima: Tuy nhiên, cường độ động đất và sóng thần do một thiết bị hạt nhân mà Israel cài lắp dưới đáy biển gây ra được khuếch đại nghiêm trọng bởi hai yếu tố: (i) khởi động khuẩn Stuxnet để làm tê liệt những hệ thống điều khiển trong 20 phút quan yếu trước khi sóng thần xảy ra; và (ii) sự hiện diện của những đầu đạn hạt nhân được đề cập bên trên – những thiết bị nguyên tử nầy đã tàn phá nhà máy nguyên tử và gây phóng xạ toàn vùng.

Theo cách nầy, sự tàn phá đã lan rộng trong môi trường. Không những chỉ có phóng xạ tự nhiên hiện diện trong hệ thống sản xuất năng lượng nguyên tử mà cả bên trong những đầu đạn hạt nhân nói trên đến từ Hoa Kỳ. Một lần nữa ở đây, những đầu đạn hạt nhân đó được nói dối là sẽ dùng cho mục tiêu quân sự và liên quan đến kế hoạch chế tạo những đầu đạn hạt nhân trong tương lai sẽ thiết lập trên lãnh thổ Nhật hay tại một nơi khác bên trong một khu vực tế nhị về mặt địa chính trị và chiến lược.

Tất cả chuyện nầy xảy ra trong khi Hoa Kỳ đang bị chống đối mỗi ngày một mạnh hơn trước mối đe dọa của Bắc Hàn. Roland Vincent Carnaby là người đầu tiên phơi bày thông tin mật về âm mưu tháo gỡ và bí mật chuyển những đầu đạn hạt nhân từ Texas đến Nhật. Về sau ông bị ám sát vào ngày 29/4/2008 – mặc dù phiên bản chính thức cho rằng ông bị cảnh sát bắn chết ở Houston sau một vụ rượt đuổi trên xa lộ vì những lý do không bao giờ được giới hữu trách giải thích đầy đủ. Điều hơi lạ là Roland, từng được tuyển dụng làm một nhân viên CIA đồng thời cũng là một tay đánh thuê trong kỹ nghệ nầy – đã tình cờ khám phá vụ buôn lậu hạt nhân quốc tế nầy nên có thể vì thế mà ông bị thanh toán.

Leo Lyon Zagami, tác giả của Confession of an Illuminati, đã dự trù gặp Roland để may ra phỏng vấn ông ngay sau khi đến Hoa Kỳ vào năm 2008. Zagami đến Chicago vào ngày 20/4/2008, đúng 5 ngày trước khi Roland chết. Cuộc gặp được dàn xếp bởi một cựu quân nhân Hoa Kỳ mà ông đã tiếp xúc. Rất tiếc, vì biến cố đó, cuộc gặp không thực hiện được. Tuy nhiên, Leo Lyon Zagami đã khám phá ra rằng, trong vai trò một nhân viên an ninh tại cảng Houston, ông đã điều tra một nhóm nhân viên tình báo Mossad của Israel có dính líu đến vụ chuyên chở thiết bị hạt nhân từ cảng nầy. Chính ông cũng như những nhà nghiên cứu và nhà báo điều tra khác, kể cả người bạn của ông là Greg Szymanski, bắt đầu điều tra sự việc vào tháng 9/2007, song song với những vụ việc khác, kể cả vụ tình nghi đánh cắp những đầu đạn hạt nhân từ Phi Trường Quốc Tế Denver.

Tất các cuộc điều tra của nhiều nhà báo khác nhau dứt khoát đều cho thấy kết quả bất lợi cho Roland: Roland Vincent Carnaby bị loại trừ vì George W. Bush và Dick Cheney - đang nắm quyền lúc bấy giờ - không cho phép một hoạt động như thế bị phá hỏng.

**Thông tin liên lạc:
Đỉnh Sóng
P.O BOX 8231 Fountain Valley CA 92728**

- **Website: dinhsong.net**
- **Email:** dinh-song@att.net
- **Phone: (714) 473-3691**

www.ingramcontent.com/pod-product-compliance
Lightning Source LLC
Chambersburg PA
CBHW021421170526
45164CB00001B/40